Disney・PIXAR

ピクサーのなかまと学《まな》ぶ
はじめての科《か》学《がく》
②

地《ち》球《きゅう》のふしぎ

はじめに

この本《ほん》では身近《みぢか》なものから、地球全《ちきゅうぜん》体《たい》にいたるまでの自然《しぜん》げん象《しょう》をあつかっています。読《よ》んでもよくわからない場合《ばあい》もあることでしょう。そういったときは、外《そと》に出《で》て空《そら》を見《み》あげたり、遠《とお》くの景色《けしき》を見《み》たりして、身《み》のまわりの自然《しぜん》にせっするようにしてみてください。そのときに、少《すこ》し時間《じかん》をかけて、この本《ほん》のかい説《せつ》を思《おも》いうかべるのがコ

ツです。自然《しぜん》げん象《しょう》についてあつかっているのですから、答《こた》えは必《かなら》ずその自《し》然《ぜん》の中《なか》にあるのです。一度《いちど》でだめなら、二度《にど》、三度《さんど》と何度《なんど》もくりかえしてみてください。あるとき、ふと、わかるしゅん間《かん》がおとずれ、それはとてもうれしいものです。

みなさんがそうした喜《よろこ》びをニモやドリー、アーロたちといっしょに数《かず》おおく味《あじ》わってくれることを願《ねが》っています。

木《き》川《かわ》栄《えい》一《いち》

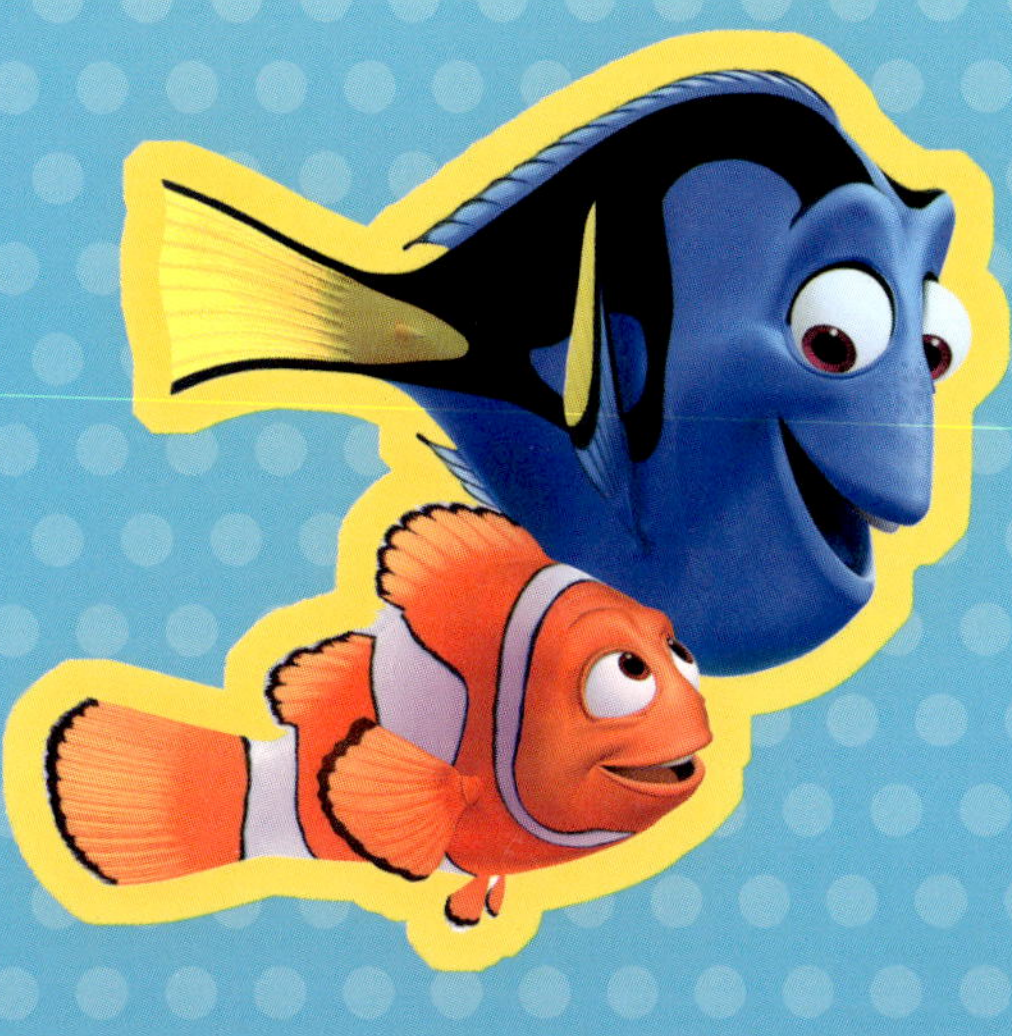

もくじ

2 山《やま》のふしぎ

【おうちの方《かた》へ】

・本書《ほんしょ》では、基本的《きほんてき》に、小学校《しょうがっこう》４年生《ねんせい》までに習《なら》う漢字《かんじ》を採用《さいよう》し、すべての漢字《かんじ》にルビを振《ふ》っています。
・低学年《ていがくねん》のお子《こ》さまでも読《よ》めるように、小学校《しょうがっこう》４年生《ねんせい》までに習《なら》った漢字《かんじ》でもひらがなにしている場合《ばあい》もあります。
・ひらがなが続《つづ》いて読《よ》みにくい場合《ばあい》、間違《まちが》った理解《りかい》を招《まね》く恐《おそ》れのある場合《ばあい》は、小学校《しょうがっこう》5年生《ねんせい》以上《いじょう》で習《なら》う漢字《かんじ》も採用《さいよう》しました。

1

大《たい》気《き》のふしぎ

目《め》に見《み》えなくて形《かたち》もないけど、いつもわたしたちのまわりにあるよ。

【大気《たいき》】

大気《たいき》は、地球《ちきゅう》をすっぽりおおっている空気《くうき》のそうです。目《め》に見《み》えないし、さわった感覚《かんかく》もないけれど、わたしたちのまわりにいつもあります。部屋《へや》の中《なか》の空気《くうき》が流《なが》れているのを、感《かん》じたことがありませんか？ 自然《しぜん》の中《なか》では温度《おんど》や気《き》あつなどのえいきょうをうけて、

雨《あめ》や雪《ゆき》はどうしてふるんだろう？

空気《くうき》の流《なが》れは天気《てんき》や気《き》しょう、気《き》候《こう》に大《おお》きな変化《へんか》を起《お》こします。

大気《たいき》のことを知《し》るときにもうひとつ大切《たいせつ》なのが、太陽《たいよう》の光《ひかり》です。大気自体《たいきじたい》は目《め》に見《み》えませんが、昼《ひる》間《ま》の空《そら》が青《あお》く、夕焼《ゆうや》け空《ぞら》が赤《あか》く見《み》えるのは、空気《くうき》と光《ひかり》があるからなのです。どういうことなのでしょうか。さっそく、くわしく見《み》てみましょう。

寒《さむ》い国《くに》とあたたかい国《くに》があるのもふしぎだね。

風《かぜ》はどうしてふくの？

空気《くうき》が動《うご》くと
風《かぜ》が生《う》まれるんだよ。

空気《くうき》は目《め》には見《み》えませんが、地球《ちきゅう》はたくさんの空気《くうき》におおわれています。その空気《くうき》の動《うご》きが風《かぜ》になります。では、なぜ空気《くうき》が動《うご》くのでしょうか。

空気《くうき》は、あたたまるとふくらんで軽《かる》くなり、上《うえ》に上《のぼ》っていくせいしつがあります。あたたかい空気《くうき》が上《のぼ》っていくと、その空《あ》いたところに、まわりから冷《つめ》たい空気《くうき》が流《なが》れこんできます。こうして空気《くうき》が動《うご》き、風《かぜ》が生《う》まれます。たとえば、あたたかい部屋《へや》のまどを開《あ》けると、あたたかい空気《くうき》が上《うえ》のほうから外《そと》に出《で》て、外《そと》からは、足《あし》もとに冷《つめ》たい空気《くうき》がさーっと入《はい》ってきます。かんたんにいうと、この空気《くうき》の動《うご》きが風《かぜ》です。

それから、ちょっとむずかしいのですが、気《き》あつの話《はなし》をしましょう。気《き》あつとは空気《くうき》の重《おも》さのことで、空気《くうき》が重《おも》くて多《おお》いほど、気《き》あつは高《たか》くなります。空気《くうき》が軽《かる》くて少《すく》ないと気《き》あつは低《ひく》くなります。空気《くうき》は気《き》あつの高《たか》い「高気《こうき》あつ」から、気《き》あつが低《ひく》い「低《てい》気《き》あつ」に流《なが》れて、まざりあおうとします。その動《うご》きが風《かぜ》になるのです。

部屋《へや》の中《なか》でも風《かぜ》を感《かん》じることができるよ。

身近《みぢか》な風《かぜ》のしくみ

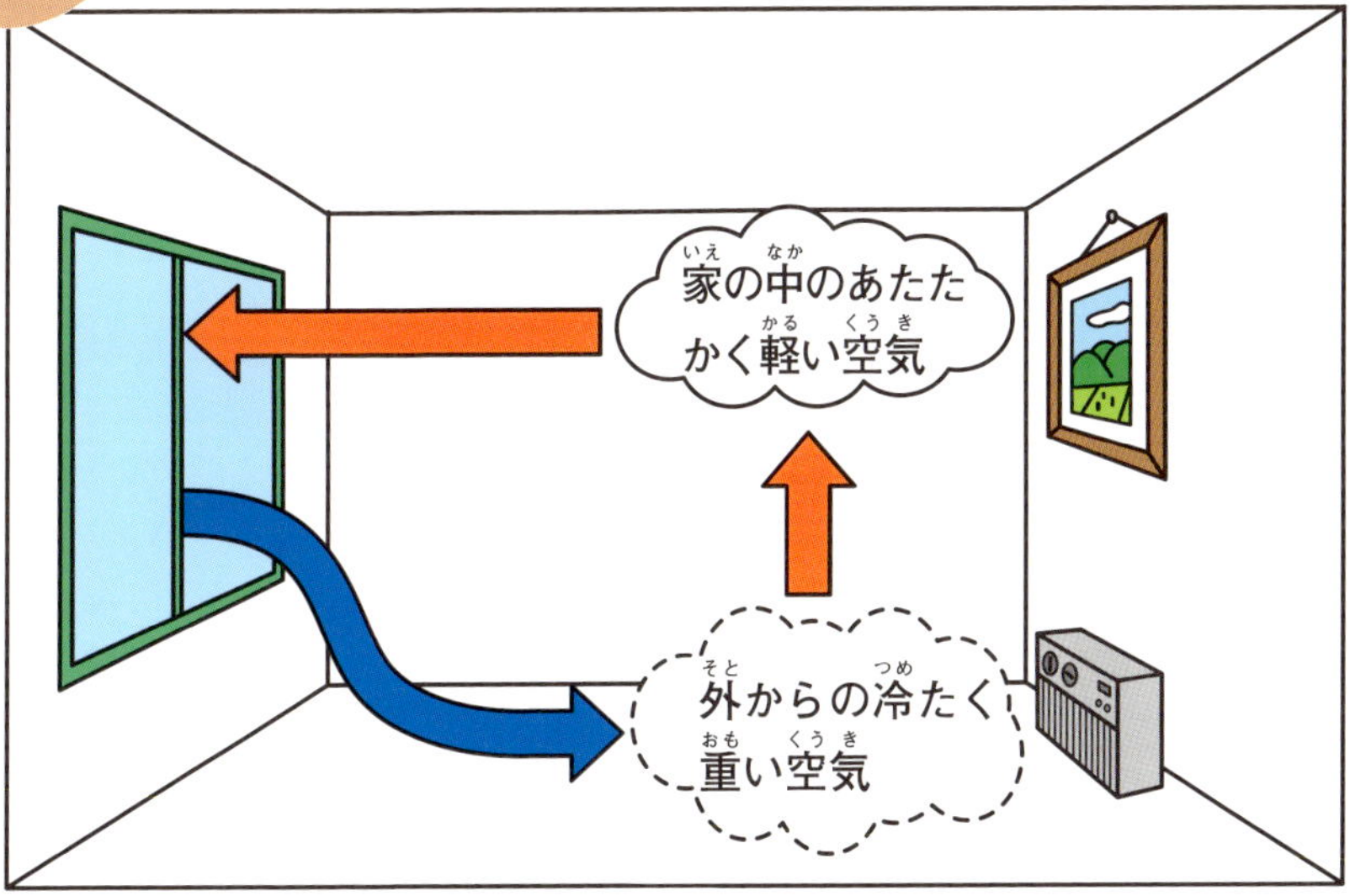
家《いえ》の中《なか》のあたたかく軽《かる》い空気《くうき》
外《そと》からの冷《つめ》たく重《おも》い空気《くうき》

知《し》っているかな？

昼《ひる》と夜《よる》でふく向《む》きが変《か》わる風《かぜ》があります。海《うみ》が関係《かんけい》する「海風《うみかぜ》」「陸風《りくかぜ》」、山《やま》が関係《かんけい》する「谷風《たにかぜ》」「山風《やまかぜ》」です。どれも気温《きおん》の変化《へんか》によって起《お》こります。

太陽《たいよう》に近《ちか》い山《やま》の上《うえ》が地面《じめん》より寒《さむ》いのはなぜ？

空気《くうき》のせいしつが関係《かんけい》しているみたい。

太陽《たいよう》と地球《ちきゅう》のきょりはどのくらいだと思《おも》いますか。約《やく》1億《おく》5000万《まん》キロメートル。世界一高《せかいいちたか》い山《やま》エベレストでも、高《たか》さは8848メートル、たったの約《やく》9キロメートルです。太陽《たいよう》と地球《ちきゅう》のきょりにくらべたら、太陽《たいよう》と山《やま》のきょり、太陽《たいよう》と地面《じめん》のきょりの差《さ》はとても小《ちい》さいので、山《やま》の上《うえ》と地面《じめん》にとどく太陽《たいよう》の光《ひかり》の強《つよ》さはほとんど変《か》わりません。では、なぜ、山《やま》の上《うえ》のほうが地面《じめん》より寒《さむ》いのでしょうか。地面《じめん》はあたたまりやすく、空気《くうき》はあたたまりにくいため、太陽《たいよう》の熱《ねつ》はまず地面《じめん》をあたため、次《つぎ》に地面《じめん》の熱《ねつ》が空気《くうき》をあたためます。つまり、地面《じめん》からはなれるほど、山《やま》の上《うえ》に登《のぼ》るほど、地面《じめん》の熱《ねつ》はとどかなくなり、寒《さむ》くなります。

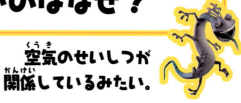

でも、ちょっと考《かんが》えてみてください。山《やま》の上《うえ》にも地面《じめん》はありますよね。そこがあたたまれば、山《やま》の上《うえ》でもあたたかくなるはずです。ところがそうならないのは、空気《くうき》には、気《き》あつ（⇩12ページ）が低《ひく》くなると温度《おんど》が下《さ》がるというせいしつもあるからです。山《やま》の上《うえ》に登《のぼ》るほど気《き》あつは低《ひく》くなるので、気温《きおん》が下《さ》がって寒《さむ》くなるというわけです。

山《やま》の上《うえ》のサリーも寒《さむ》そうだ。ブルル……。

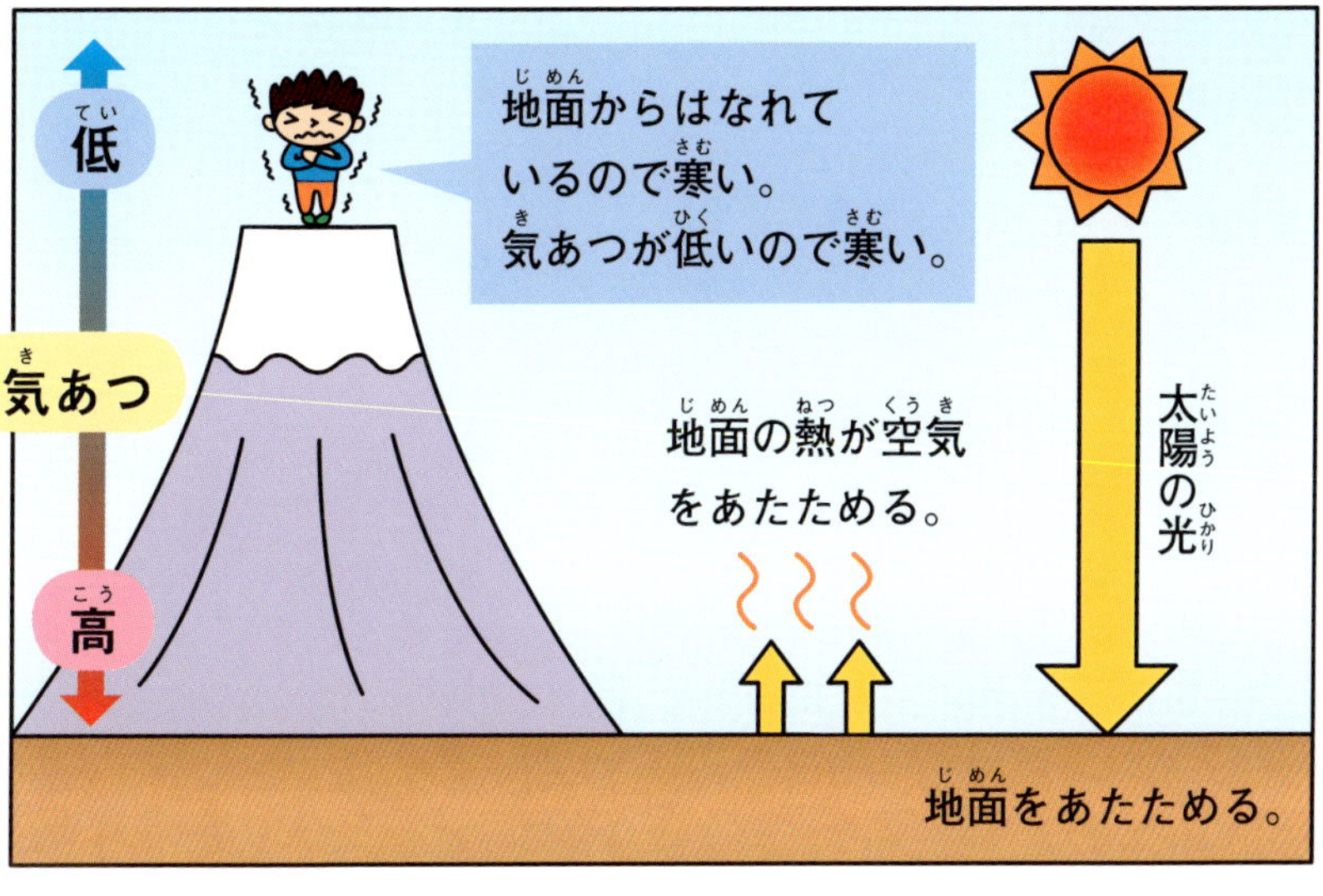

どうして雨《あめ》や雪《ゆき》がふるの？

雲《くも》の中《なか》の水《みず》や氷《こおり》のつぶが落《お》ちてくるんだよ。

雨《あめ》や雪《ゆき》は雲《くも》からふってきます。では、雲《くも》は何《なに》からできているのでしょうか。

海《うみ》や川《かわ》、地面《じめん》にある水《みず》は、太陽《たいよう》の熱《ねつ》であたためられ、水《すい》じょう気《き》（目《め》に見《み》えない水《みず》のつぶ）となって空気《くうき》とともに空《そら》に上《のぼ》っていきます（上《じょう》しょう気流《きりゅう》）。空《そら》の上《うえ》に行《い》くほど気温《きおん》が下《さ》がるため、水《すい》じょう気《き》は冷《ひ》やされて小《ちい》さな水《みず》のつぶになります。もっと上《じょう》しょうして、まわりの気温《きおん》が０度《ど》以下《いか》になると、氷《こおり》のつぶになります。この水《みず》や氷《こおり》のつぶがたくさん集《あつ》まってできたものが雲《くも》です。

氷《こおり》のつぶはくっつきあって大《おお》きくなり、うかんでいられないほど重《おも》くなると、地上《ちじょう》に落《お》ちてきます。落《お》ちてくる間《あいだ》に、０度《ど》以上《いじょう》の大気《たいき》（地球《ちきゅう》をおおう空気《くうき》）の中《なか》をくることで、とけて水《みず》のつぶになります。これが雨《あめ》です。冬《ふゆ》のように気温《きおん》が低《ひく》いときには、とけることなく氷《こおり》のまま落《お》ちてくるので、雪《ゆき》になるのです。このように、海《うみ》や川《かわ》や地面《じめん》の水《みず》は、すがたを変《か》えながら大気《たいき》の間《あいだ》をぐるぐる回《まわ》っています。

まるで、水《みず》のリサイクルみたいだね！

雨《あめ》や雪《ゆき》のふるしくみ

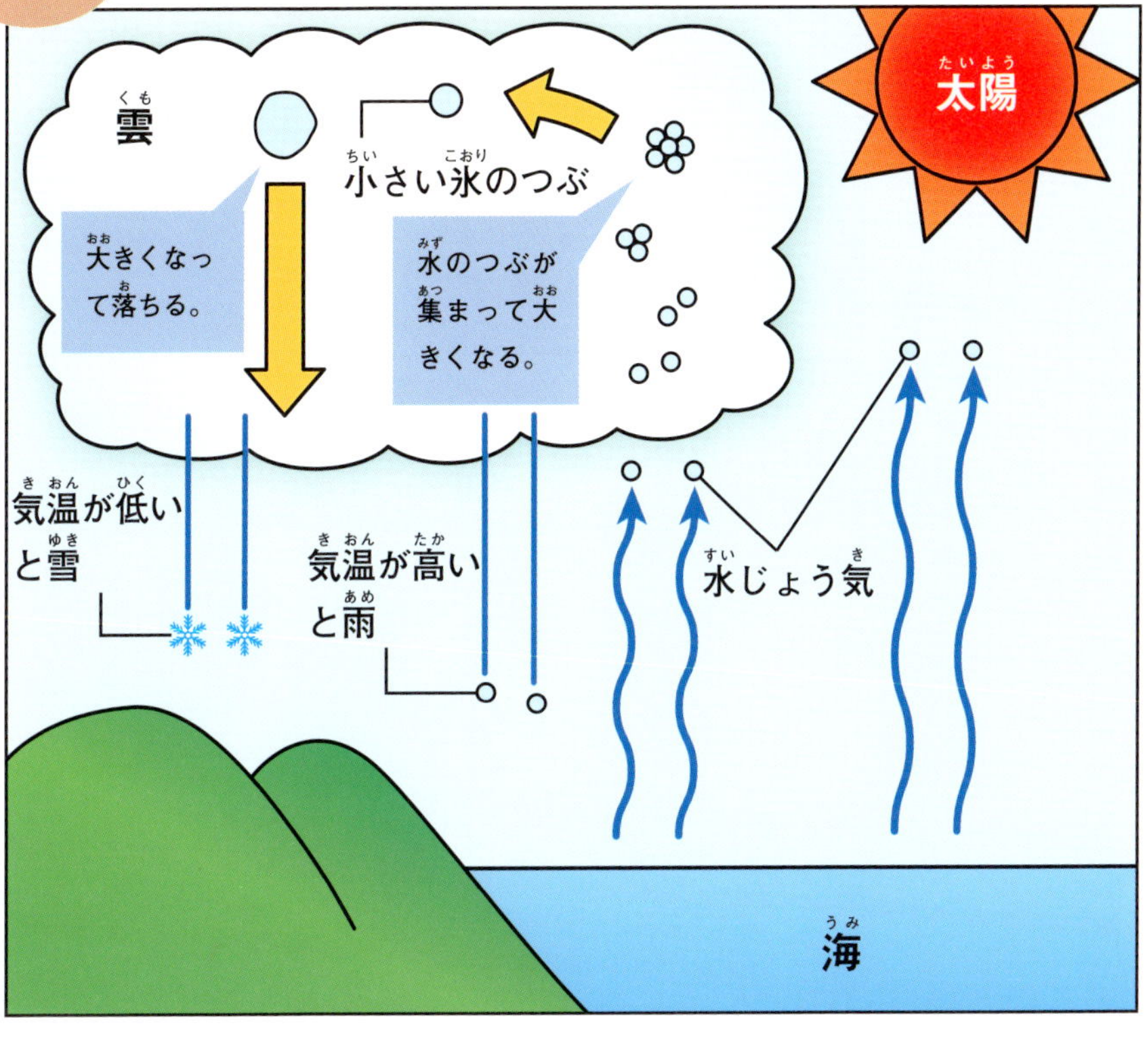

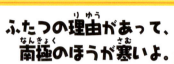

北極《ほっきょく》と南極《なんきょく》は どっちが寒《さむ》いの？

ふたつの理由《りゆう》があって、南極《なんきょく》のほうが寒《さむ》いよ。

北極《ほっきょく》は地球《ちきゅう》の真北《まきた》、南極《なんきょく》は地球《ちきゅう》の真南《まみなみ》。日本《にっぽん》に住《す》むわたしたちは、北《きた》にある北極《ほっきょく》のほうが寒《さむ》いと思《おも》ってしまいますが、南極《なんきょく》のほうが寒《さむ》いのです。理由《りゆう》はふたつあります。ひとつは陸《りく》の上《うえ》にあるか、海《うみ》の上《うえ》にあるかのちがいです。北極《ほっきょく》は北極海《ほっきょくかい》の上《うえ》にあって、陸《りく》がなく海《うみ》や氷《こおり》ばかりが広《ひろ》がっていますが、南極《なんきょく》には大《おお》きな陸地《りくち》、南極大陸《なんきょくたいりく》があります。南極大陸《なんきょくたいりく》はあつい氷《こおり》のそうにおおわれた陸地《りくち》です。海《うみ》と陸地《りくち》では、陸《りく》のほうが冷《つめ》たくなりやすいせいしつがあるので、陸地《りくち》のある南極《なんきょく》のほうが寒《さむ》いのです。

もうひとつの理由《りゆう》は、北極《ほっきょく》と南極《なんきょく》の高《たか》さのちがいです。北極《ほっきょく》の氷《こおり》のあつさは、平《へい》きんで約《やく》10メートルぐらい。南極《なんきょく》の氷《こおり》は、平《へい》きんで約《やく》２４５０メートルもあります。高《たか》いところのほうが気温《きおん》が低《ひく》いので、南極《なんきょく》のほうが寒《さむ》いのです。南極《なんきょく》の氷《こおり》はあつみが大《おお》きすぎて、地《じ》面《めん》の熱《ねつ》も伝《つた》わってきません。

　では、それぞれの最低気《さいていき》温《おん》はどうでしょうか。北極《ほっきょく》点《てん》に近《ちか》いシベリアの町《まち》はマイナス71度《ど》。南極《なんきょく》のロシアのき地《ち》ボストークはマイナス89・2度《ど》。やはり南極《なんきょく》のほうが寒《さむ》いようですね。

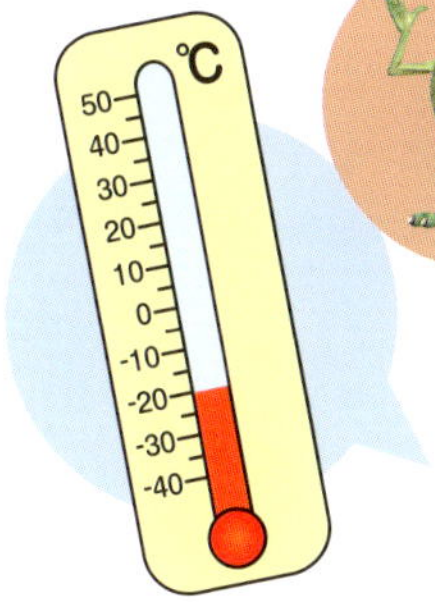

北極《ほっきょく》と南極《なんきょく》のつくりのちがい

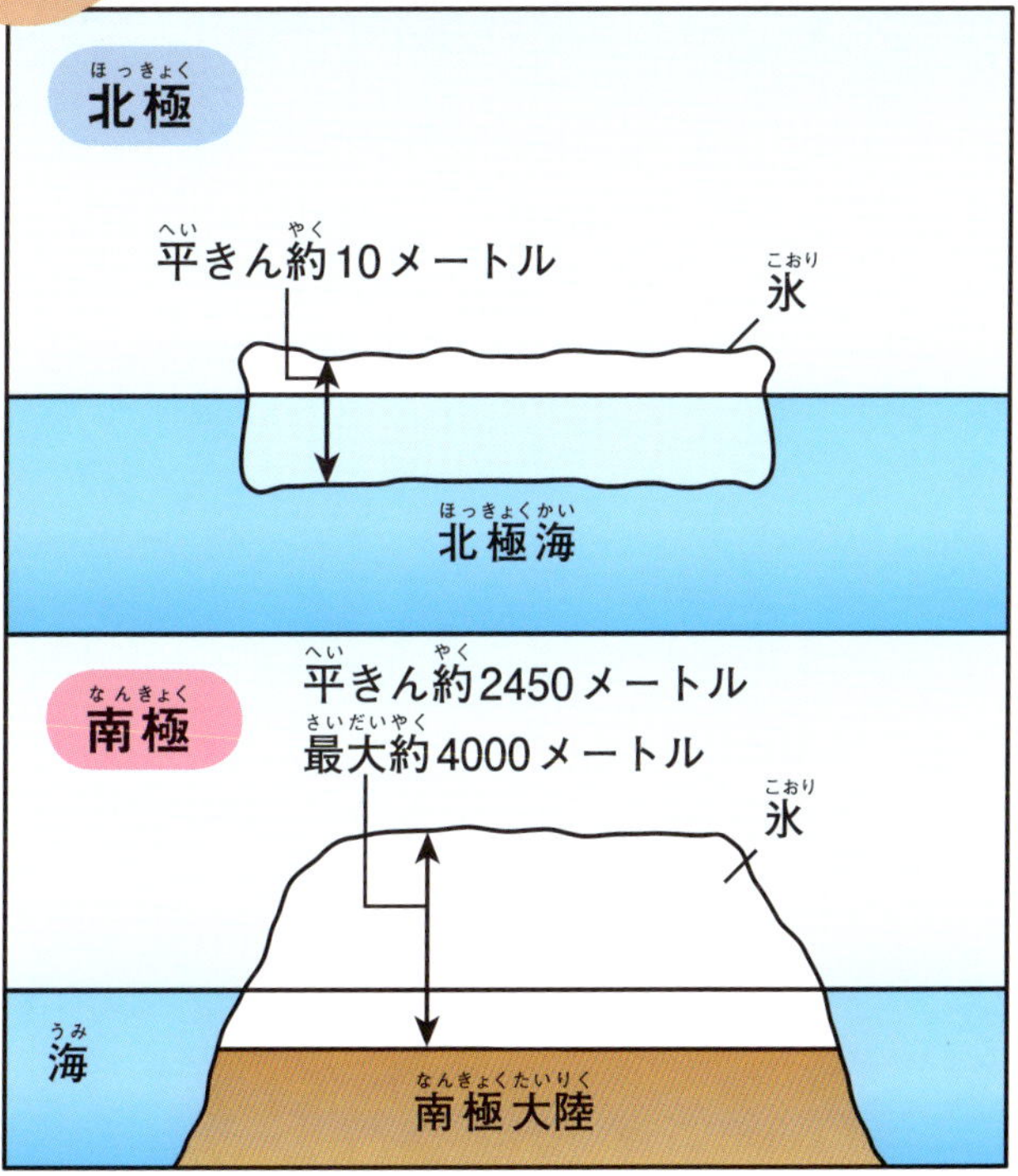

北極《ほっきょく》と南極《なんきょく》、つくりがこんなにちがうんだね。

雲《くも》はなぜ空《そら》にうかんで落《お》ちてこないの？

雲《くも》のつぶがとても小《ちい》さいからだよ。

空《そら》を見《み》あげたときに見《み》える、ひとかたまりの雲《くも》の重《おも》さはどのくらいだと思《おも》いますか。実《じつ》は、数十《すうじっ》トン以《い》上《じょう》もあるといわれています。かりに10トンだとして、2リットルのペットボトルの水《みず》が1本《ぽん》で2キログラムですから、5000本分《ぼんぶん》もの重《おも》さがあるのです。こんなに重《おも》いのに、なぜ空《そら》から落《お》ちてこないのでしょうか。

雲《くも》を作《つく》っているつぶの大《おお》きさを考《かんが》えてみましょう。雲《くも》は小《ちい》さな水《みず》や氷《こおり》のつぶで、大《おお》きさは直径《ちょっけい》0・001～0・01ミリメートルほど。とっても小《ちい》さいので、落《お》ちてくる速《はや》さもとてもゆっくりとしています。そして、雲《くも》の中《なか》には、あたためられた空気《くうき》が上《うえ》に上《のぼ》ろうとする上《じょう》しょう気流《きりゅう》（⇩16

雲《くも》の重《おも》さが、
10トン!?
すごい！

ページ）があります。この上《じょう》しょう気流《きりゅう》が落《お》ちようとする雲《くも》をささえているので、雲《くも》は落《お》ちてこないのです。雲《くも》のつぶは、くっつきあって大《おお》きくなると、重《おも》さで落《お》ちてきて雨《あめ》や雪《ゆき》になります。地《ち》上《じょう》に落《お》ちてくる雨《あめ》のつぶの大《おお》きさが1～2ミリメートルなので、雲《くも》のつぶが100こ以上《いじょう》集《あつ》まらないと雨《あめ》になりません。

知《し》っているかな？

雨《あめ》のつぶは、丸《まる》い形《かたち》をしていて、強《つよ》い雨《あめ》のときは、底《そこ》が少《すこ》しつぶれています。

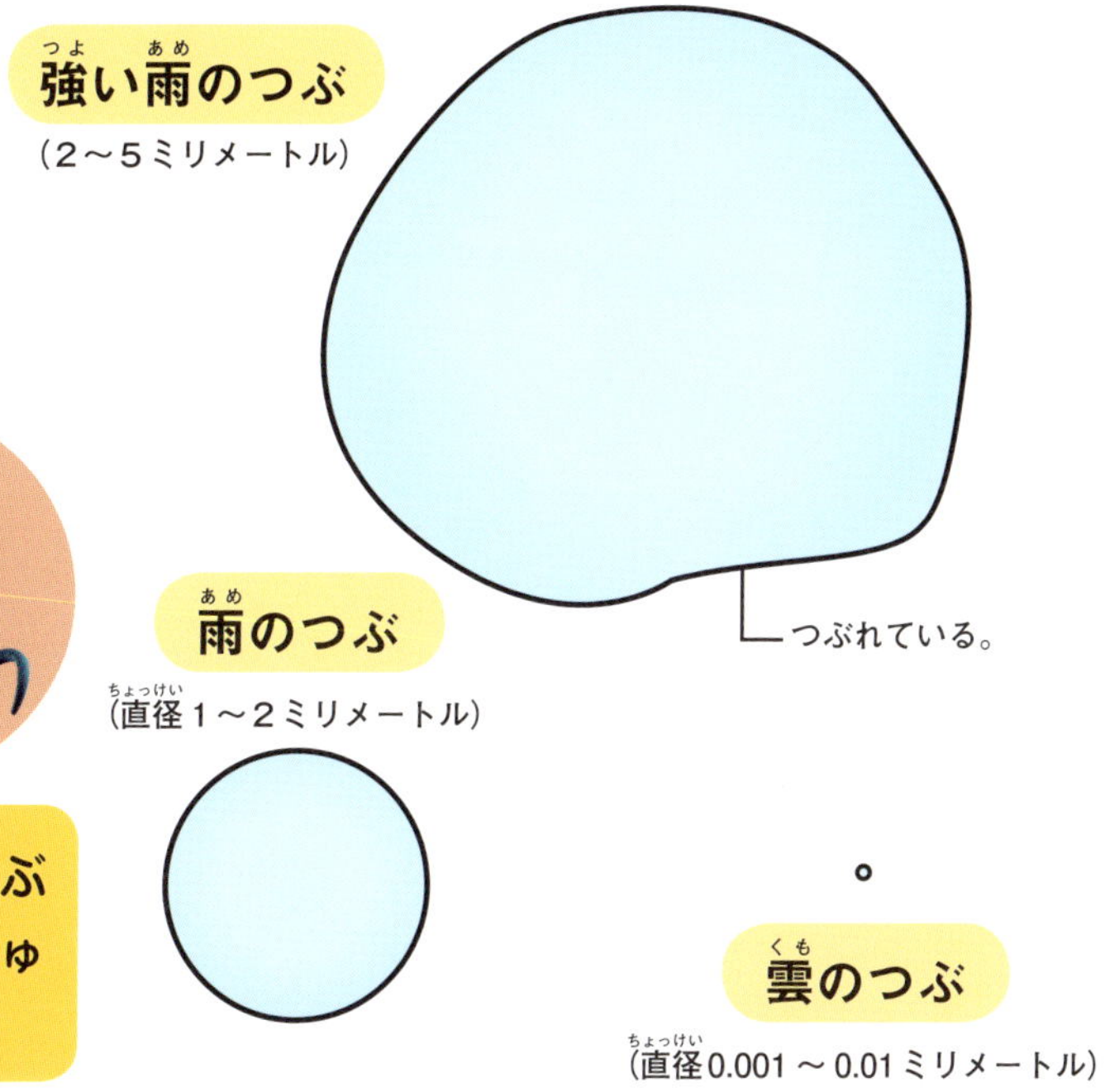

強《つよ》い雨《あめ》のつぶはおまんじゅうみたい！

台風《たいふう》って何《なに》？

熱帯《ねったい》で生《う》まれる、大《おお》きな雲《くも》のうずだよ。

台風《たいふう》は、強《つよ》い雨《あめ》と風《かぜ》で、木《き》をなぎたおしたり、停電《ていでん》を引《ひ》きおこしたり、わたしたちにとっておそろしい自然《しぜん》げん象《しょう》です。どうして台風《たいふう》が生《う》まれるのでしょうか。

台風《たいふう》のもとは雲《くも》です。ただし、日本《にっぽん》の南《みなみ》にある熱帯《ねったい》という地《ち》いきのあたたかい海《うみ》（水温《すいおん》が26・5度《ど》以上《いじょう》）の上《うえ》だけで生《う》まれます。雲《くも》は、太陽《たいよう》の熱《ねつ》によってあたためられた水《すい》じょう気《き》が空《そら》に上《のぼ》ってできるものなので、水《みず》がたくさんあって、たくさんじょう発《はつ》するあたたかい海《うみ》の上《うえ》は、台風《たいふう》の雲《くも》が育《そだ》つのにぴったりなのです。

あたたかい海《うみ》の上《うえ》で雲《くも》が大《おお》きく育《そだ》つと、海《うみ》の近《ちか》くでは、まわりから流《なが》れこむ風《かぜ》が地球《ちきゅう》が自分《じぶん》で回《まわ》る「自転《じてん》」のえいきょうを受《う》けて、時計《とけい》と反対方向《はんたいほうこう》（※）にうずをまきはじめます。台風《たいふう》のたまごのたん生《じょう》です。また、雲《くも》がたくさんできると、うずをまくスピードも上《あ》がります。そのいきおいで水《すい》じょう気《き》も次々《つぎつぎ》に集《あつ》まるので、たてに大《おお》きくなった大《おお》きな山《やま》のような「積《せき》らん雲《うん》」ができ、うずはもっと大《おお》きくなります。風《かぜ》の速《はや》さが秒速《びょうそく》17・2メートル以上《いじょう》になると、台風《たいふう》になります。

台風《たいふう》は、季節《きせつ》の風《かぜ》に乗《の》って動《うご》きます。

台風《たいふう》は、気温《きおん》の低《ひく》いところに行《い》って雲《くも》のもとである水《すい》じょう気《き》がなくなったり、陸《りく》に上《あ》がったときに陸《りく》とすれあうことで弱《よわ》まっていき、最後《さいご》は消《き》えてなくなります。

台風《たいふう》が生《う》まれるしくみ

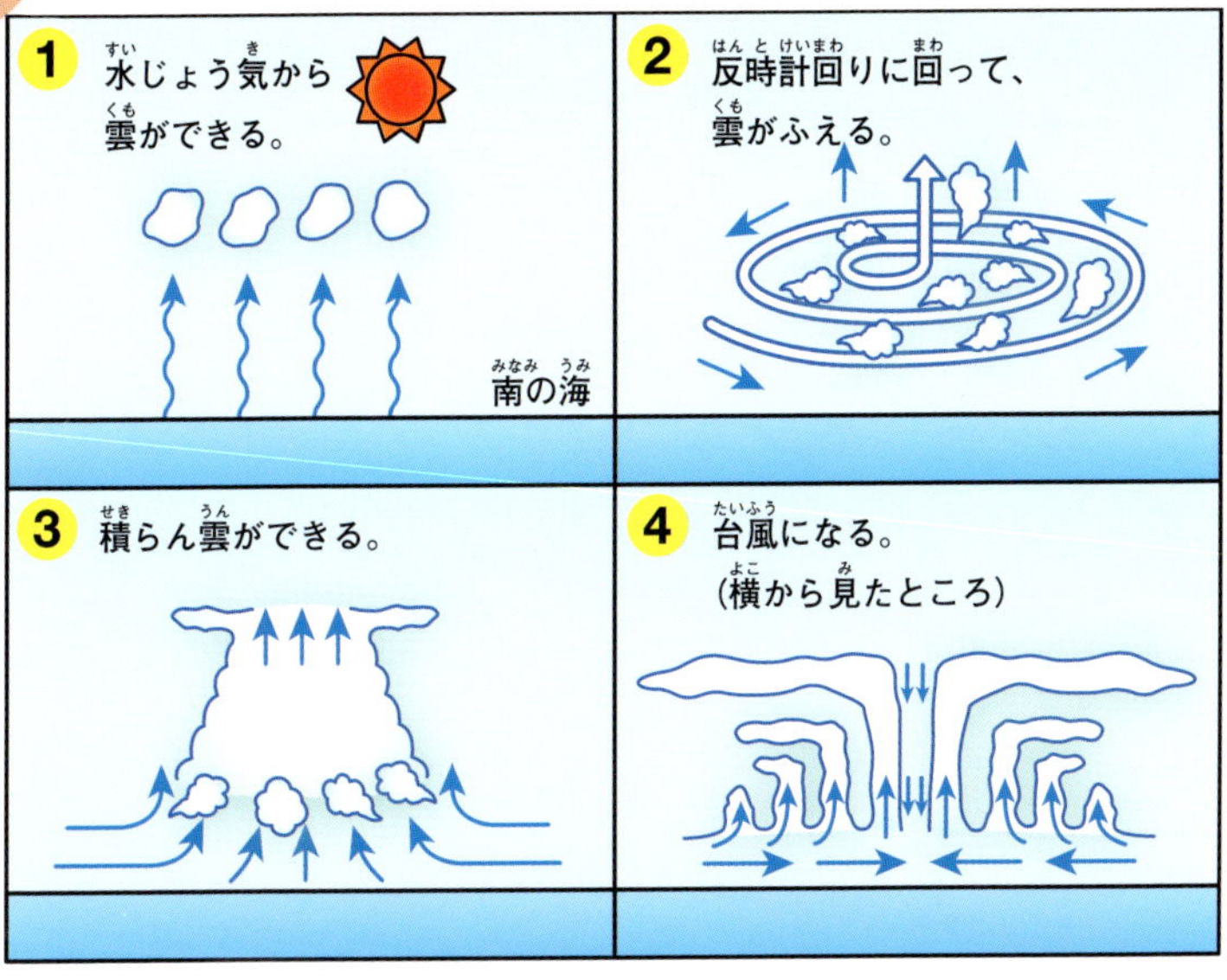
1
水《すい》じょう気《き》から
雲《くも》ができる。
南《みなみ》の海《うみ》
2
反時計回《はんとけいまわ》りに回《まわ》って、
雲《くも》がふえる。
3
積《せき》らん雲《うん》ができる。
4
台風《たいふう》になる。
（横《よこ》から見《み》たところ）

※（おうちの方《かた》へ）これは北半球《きたはんきゅう》の台風《たいふう》のことです。南半球《みなみはんきゅう》では時計回《とけいまわ》りに巻《ま》きます。

同《おな》じ日本《にっぽん》であたたかいところと寒《さむ》いところがあるのはなぜ？

太陽《たいよう》が当《あ》たる角度《かくど》がちがうからだよ。

みなさんは、赤道《せきどう》を知《し》っていますか。赤道《せきどう》は、目《め》には見《み》えませんが、地球《ちきゅう》を北《きた》と南《みなみ》の半分《はんぶん》に分《わ》ける線《せん》のことです。

地球上《ちきゅうじょう》では、赤道《せきどう》に近《ちか》いほど、太陽《たいよう》の光《ひかり》が真上《まうえ》の高《たか》い角度《かくど》から当《あ》たるので、たくさんの太陽《たいよう》の光《ひかり》を受《う》けて、あたたかくなります。赤道《せきどう》から遠《とお》くなると、太陽《たいよう》は低《ひく》い角度《かくど》から、ななめに照《て》らすので、光《ひかり》の量《りょう》は少《すく》なくなり、寒《さむ》くなります。日本《にっぽん》は、南北《なんぼく》に細長《ほそなが》くのびています。日本列島《にっぽんれっとう》がある北半球《きたはんきゅう》では、南《みなみ》に行《い》くほど赤道《せきどう》に近《ちか》くなり、沖縄県《おきなわけん》は赤道《せきどう》に近《ちか》く、ぎゃくに、北海道《ほっかいどう》は赤道《せきどう》から遠《とお》くにあるのがわかります。

光《ひかり》がななめから当《あ》たるということは、真上《まうえ》から照《て》ら

されるよりも、太陽《たいよう》に当《あ》たる時間《じかん》も短《みじか》くなります。北海道《ほっかいどう》と沖縄県《おきなわけん》では、平《へい》きん気温《きおん》が10度《ど》以上《いじょう》もちがいます。沖縄県《おきなわけん》は赤道《せきどう》により近《ちか》いので、たくさんの太陽《たいよう》の光《ひかり》を受《う》けることができます。赤道《せきどう》から遠《とお》い北海道《ほっかいどう》は、ななめの弱《よわ》い太陽《たいよう》の光《ひかり》が、短《みじか》い時間《じかん》しか照《て》らさないので、寒《さむ》いのです。

気温《きおん》の差《さ》ができるしくみ

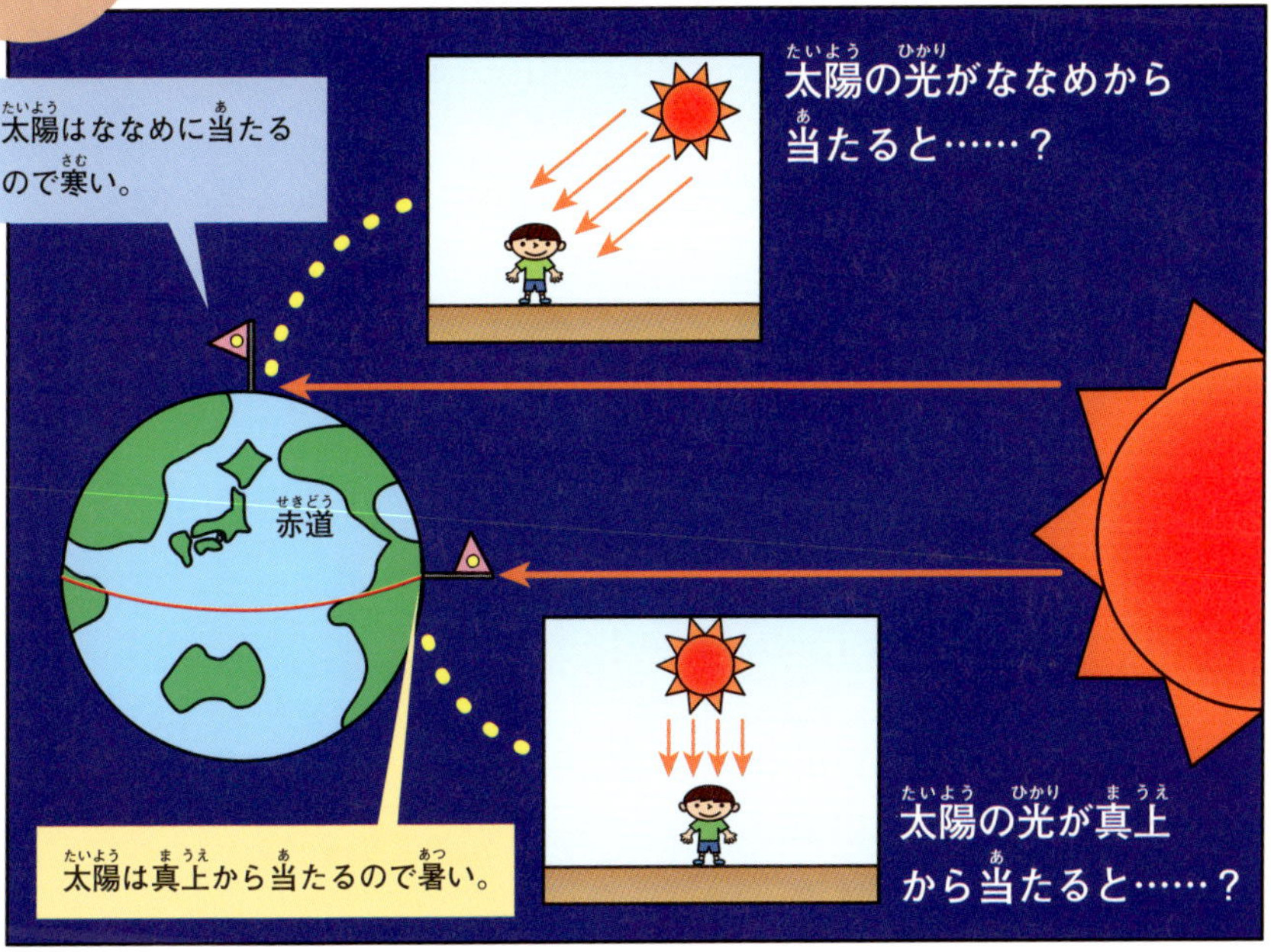
太陽《たいよう》の光《ひかり》がななめから当《あ》たると……？
太陽《たいよう》はななめに当《あ》たるので寒《さむ》い。
赤道《せきどう》
太陽《たいよう》は真上《まうえ》から当《あ》たるので暑《あつ》い。
太陽《たいよう》の光《ひかり》が真上《まうえ》から当《あ》たると……？

梅雨《つゆ》になると、なぜ雨《あめ》がたくさんふるの？

ふたつの気《き》だんがおしあいをしているからだよ。

日本《にっぽん》では梅雨《つゆ》にどのくらいの雨《あめ》がふると思《おも》いますか。1年間《ねんかん》にふる雨《あめ》のおよそ25～30パーセントもの雨《あめ》が、この時期《じき》にふるのです。梅《うめ》の実《み》がじゅくすころに、たくさんの雨《あめ》がふることから梅雨《つゆ》といわれています。

6月《がつ》から7月《がつ》の日本《にっぽん》の空《そら》の上《うえ》には、気《き》だんという空《くう》気《き》のかたまりが、ふたつ発生《はっせい》します。ひとつは冷《つめ》たい空気《くうき》が集《あつ》まった「オホーツク海気《かいき》だん」。もうひとつはあたたかい空気《くうき》の「小笠原気《おがさわらき》だん」。ふたつの気《き》だんはおしあっていますが、あたたかい空気《くうき》が冷《つめ》たい空《くう》気《き》に冷《ひ》やされて雲《くも》ができ、雨《あめ》がふるのです。このおしあっているところが梅雨前線《ばいうぜんせん》です。ふたつの気《き》だんは同《おな》じくらいの強《つよ》さなので、梅雨前線《ばいうぜんせん》はなかなか動《うご》けずにその場《ば》にいつづけて、たくさんの雨《あめ》をふらせます。

日本《にっぽん》の梅雨《つゆ》は沖縄県《おきなわけん》から始《はじ》まります。南《みなみ》から来《く》るあたたかい空気《くうき》の力《ちから》が強《つよ》くなると、オホーツク海気《かいき》だんの力《ちから》が弱《よわ》まり、梅雨前線《ばいうぜんせん》は少《すこ》しずつ北《きた》へおされていきます。日本《にっぽん》の上空《じょうくう》からオホーツク海《かい》気《き》だんがなくなったとき、梅雨明《つゆあ》けとなります。

梅雨《つゆ》のしくみ

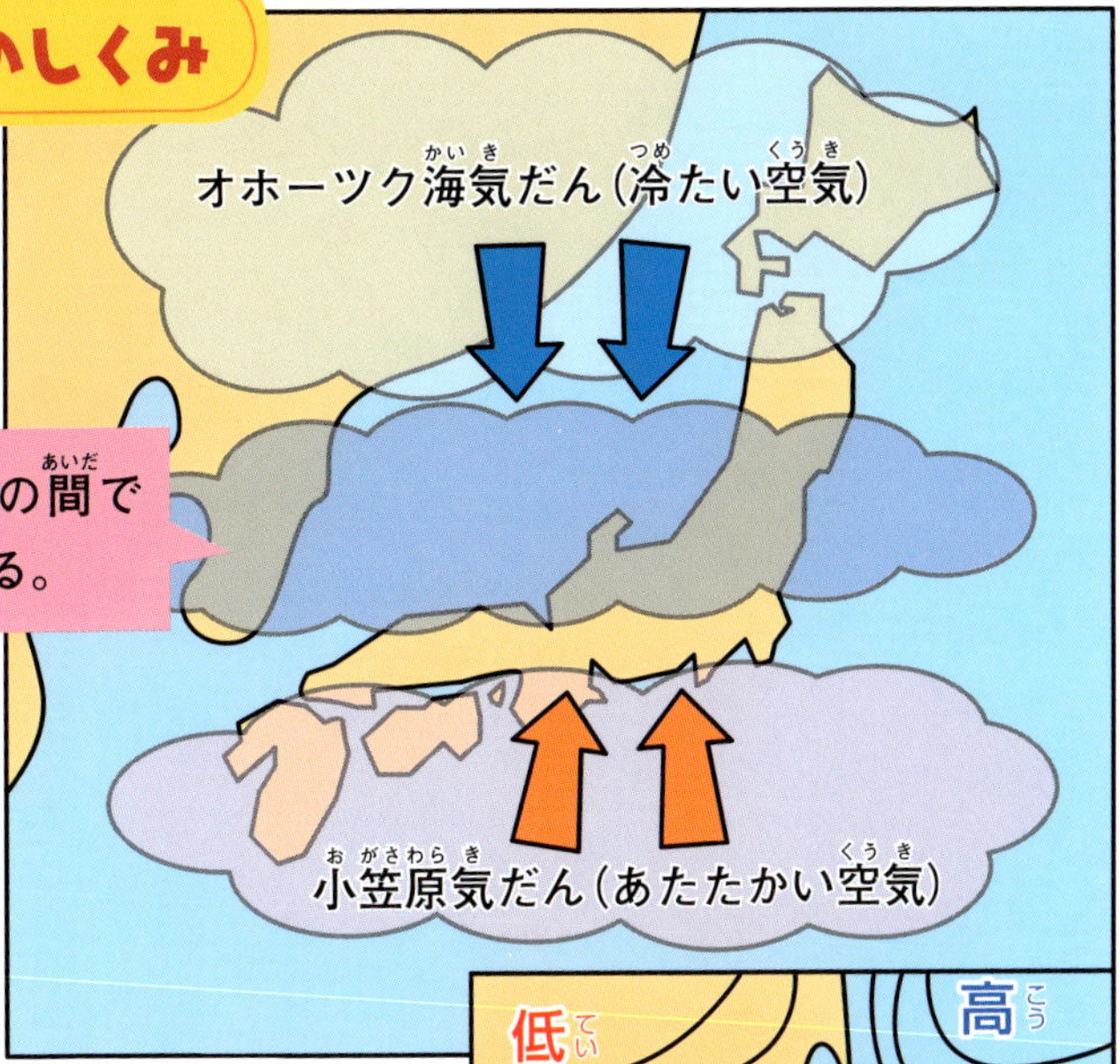

ふたつの気《き》だんの間《あいだ》で雲《くも》ができ、雨《あめ》がふる。

でしめされるのが、梅雨前線《ばいうぜんせん》。

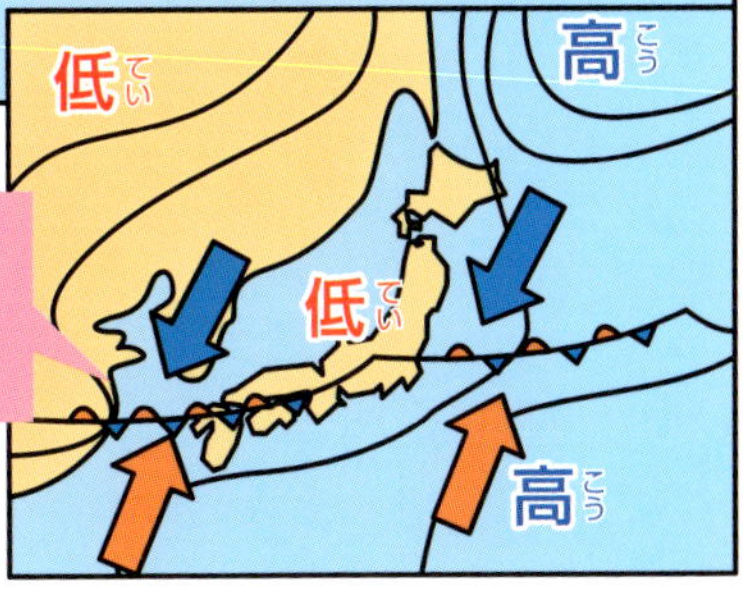

梅雨《つゆ》の天気図《てんきず》

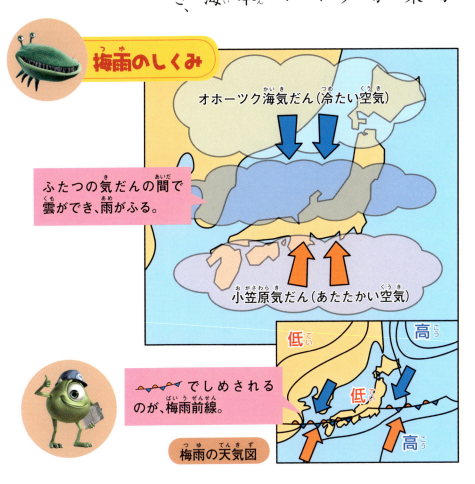

日《ひ》かげがすずしいのはなぜ？

熱《ねつ》の伝《つた》わり方《かた》に
ヒントがあるよ。

空気《くうき》はあたたまりにくいせいしつを持《も》っています。日《ひ》なたでは、太陽《たいよう》の光《ひかり》は空気《くうき》を通《とお》りぬけ、まずは地面《じめん》を照《て》らしてあたためます。あたためられた地面《じめん》は、その熱《ねつ》を地面《じめん》の上《うえ》にある空気《くうき》に伝《つた》え、今度《こんど》は空気《くうき》があたたまります。あたたかくなった空気《くうき》は軽《かる》くなって上《うえ》に上《のぼ》り、冷《つめ》たい空気《くうき》が下《した》に流《なが》れていきます。このように、冷《つめ》たい空気《くうき》があたためられることをくりかえし、太陽《たいよう》の光《ひかり》が当《あ》たる地面《じめん》の空気《くうき》はどんどん熱《あつ》くなります。

一方《いっぽう》、日《ひ》かげでは、

太陽《たいよう》の光《ひかり》
地面《じめん》をあたため、次《つぎ》に空気《くうき》をあたためる。
日《ひ》かげ
すずしい
熱《ねつ》

屋根《やね》や木《き》のおかげで、太陽《たいよう》の光《ひかり》が地面《じめん》に当《あ》たらないので、空気《くうき》があたたまることなく、すずしいのです。

また、大《おお》きな木《き》のかげや森《もり》がすずしいのには、ほかにも理由《りゆう》があります。植物《しょくぶつ》は葉《は》から水《すい》じょう気《き》（⇩16ページ）を出《だ》しています。このときに、まわりの熱《ねつ》をうばってくれるので、気温《きおん》が下《さ》がり、植物《しょくぶつ》の近《ちか》くはすずしくなるのです。このしくみを利用《りよう》した〝緑《みどり》のカーテン〟を知《し》っていますか。地球《ちきゅう》にやさしいので、世界中《せかいじゅう》で取《と》り組《く》みが進《すす》んでいます。

日《ひ》かげがすずしいのには、ふたつの理《り》由《ゆう》があるんだね。

地面《じめん》に太陽《たいよう》の光《ひかり》が十分《じゅうぶん》にとどかない。
水《すい》じょう気《き》
葉《は》っぱの水《みず》がじょう発《はつ》し、まわりの熱《ねつ》をうばう。
日《ひ》かげ
すずしい
日《ひ》なた
あたたかい

天気予《てんきよ》ほうはどうやってするの？

たくさんのじょうほうを集《あつ》めて、天気《てんき》のプロが予《よ》ほうするよ。

ひまわり、アメダス。聞《き》いたことがあるね。

明日《あした》の遠足《えんそく》は晴《は》れるかな……。みなさんがいつもたよりにしている天気予《てんきよ》ほうは、どのように作《つく》られているのでしょうか。

天気予《てんきよ》ほうは地球《ちきゅう》をおおっている大気《たいき》がどのように変《か》わっていくかを予想《よそう》することです。そのためには、げんざいの各地《かくち》の天気《てんき》、気温《きおん》や気《き》あつ、風向《かざむ》きや速《はや》さ、雲《くも》の動《うご》きなどの観《かん》そくじょうほうが必要《ひつよう》となります。日本各地《にっぽんかくち》の気象台《きしょうだい》や気象《きしょう》レーダー、宇宙《うちゅう》から雲《くも》のようすなどを調《しら》べる気象《きしょう》えい星《せい》「ひまわり」、全国《ぜんこく》に約《やく》1300か所《しょ》ある気象観《きしょうかん》そく所《じょ》「アメダス」などが、つねに気象《きしょう》についてのじょうほうを集《あつ》めています。日本《にっぽん》の観《かん》そくじょうほうに加《くわ》え、世界中《せかいじゅう》の気象《きしょう》じょうほうを、気《き》象《しょう》ちょうのスーパーコンピューターが分《ぶん》せきして、数字《すうじ》の予《よ》ほうや天気図《てんきず》を作成《さくせい》します。天気予《てんきよ》ほうをする人《ひと》（気象《きしょう》ちょうの予《よ》ほう官《かん》）は、これらのたくさんのじょうほうから、知《ち》しきやけい験《けん》を生《い》かして、どのように天気《てんき》が変《か》わっていくのかをはんだんして、天気《てんき》予《よ》ほうを作《つく》っています。

天気予《てんきよ》ほうができるまで

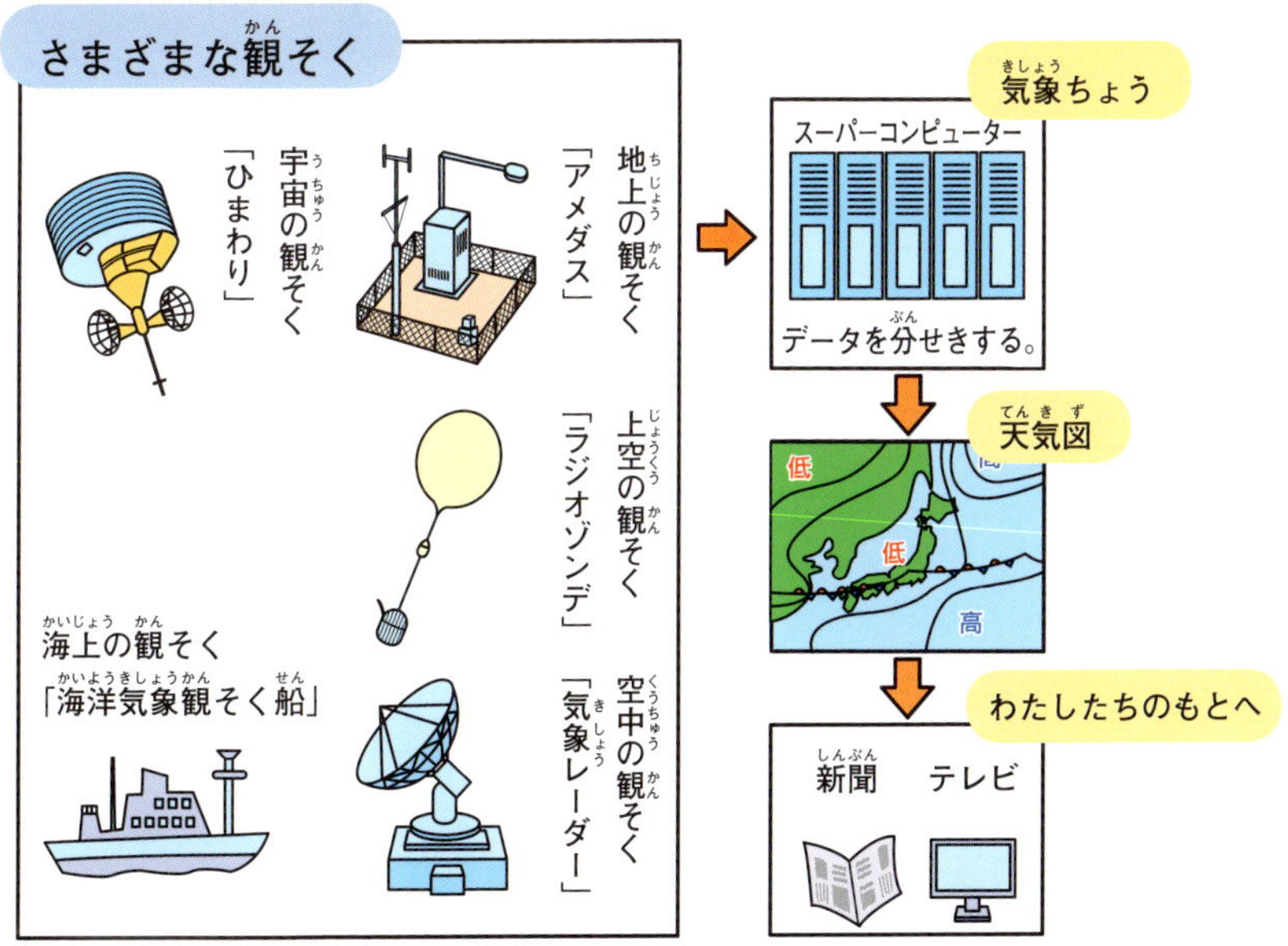

たつまきって何《なに》?

大《おお》きな雲《くも》からたれさがってできる、強《つよ》い空《くう》気《き》のうずまきだよ。

たつまきは、はげしくうずをまきあげながら、強《つよ》い風《かぜ》で建物《たてもの》をこわしたり、車《くるま》をふきとばしたりして、わたしたちの生活《せいかつ》に大《おお》きなひ害《がい》をもたらすことがあります。たつまきとは、いったい何《なん》なのでしょうか。

たつまきは、積《せき》らん雲《うん》(⇩23ページ)とよばれる、大《おお》きな雲《くも》がもとになっています。天候《てんこう》がみだれると、その積《せき》らん雲《うん》の下《した》の地上《ちじょう》や海上《かいじょう》では、上《うえ》へ上《のぼ》る空気《くうき》の流《なが》れができて、強《つよ》いうずをまきながら空《そら》へ上《のぼ》っていきます。

一方《いっぽう》、積《せき》らん雲《うん》はゆっくり回転《かいてん》をして、雲《くも》の底《そこ》のほうから細長《ほそなが》いろうとのような雲《くも》が、

▼たつまきの写真《しゃしん》

地上《ちじょう》や海上《かいじょう》に向《む》かって、たれさがってきます。そして、ぐんぐんと上《うえ》へ上《のぼ》ってくる空気《くうき》をまきこむと、おそろしいほど速《はや》いスピードで回転《かいてん》するうずまきが発生《はっせい》し、強《つよ》い力《ちから》で、建物《たてもの》でも木《き》でも海水《かいすい》でも、何《なん》でもまわりにあるものをすいあげていきます。これが、たつまきです。

たつまきのしくみ

こんなときは、たつまきに注意《ちゅうい》しよう！

- かみなりが鳴《な》り、急《きゅう》に冷《つめ》たい風《かぜ》がふいてきた。
- 地上《ちじょう》のすなやゴミなどが、まいあがるのが見《み》えた。

安全《あんぜん》な場所《ばしょ》へ！

★じょう夫《ぶ》な建物《たてもの》の中《なか》へ！
★家《いえ》にいたら、まどのない部屋《へや》へ！

ろうとの形《かたち》の雲《くも》が特《とく》ちょう！

かみなりは、どうして光《ひか》ったり、鳴《な》ったりするの？

かみなりの正体《しょうたい》は電気《でんき》。光《ひかり》や音《おと》は、電気《でんき》と空気《くうき》が作《つく》るよ。

かみなりは電気《でんき》なんだね！

かみなりが光《ひか》ったり、ゴロゴロ鳴《な》ったりすると、こわいものです。ときには、かみなりに打《う》たれて、命《いのち》を落《お》とす人《ひと》もいます。

かみなりのもとは、積《せき》らん雲《うん》（⇩23ページ）とよばれる大《おお》きな雲《くも》の中《なか》で生《う》まれます。雲《くも》の中《なか》で、氷《こおり》のつぶがはげしくぶつかりあい、こすれあってできる電気《でんき》（静電気《せいでんき》）が、かみなりのもとです。電気《でんき》にはプラス（＋）とマイナス（－）があって、⊕の電気《でんき》は雲《くも》の上《うえ》のほうに、⊖の電気《でんき》は下《した》のほうにたまります。また、そのえいきょうで、雲《くも》の下《した》の地面《じめん》では、⊕の電気《でんき》が集《あつ》まります。このとき、電気《でんき》があまりにたくさんできると、雲《くも》の中《なか》の⊕電気《でんき》と⊖電気《でんき》の間《あいだ》、雲《くも》の中《なか》の⊖電気《でんき》と地上《ちじょう》の⊕電気《でんき》の間《あいだ》で電気《でんき》が流《なが》れます。これがかみなりです。

また、かみなりの通《とお》り道《みち》は、空気《くうき》がとても熱《あつ》くなっているので光《ひか》って見《み》えます（いなずま）。熱《あつ》くなった空気《くうき》は一気《いっき》にふくらんで、まわりの空気《くうき》をふるわせるので、ゴロゴロと音《おと》が出《で》るのです（らい鳴《めい》）。

かみなりのしくみ

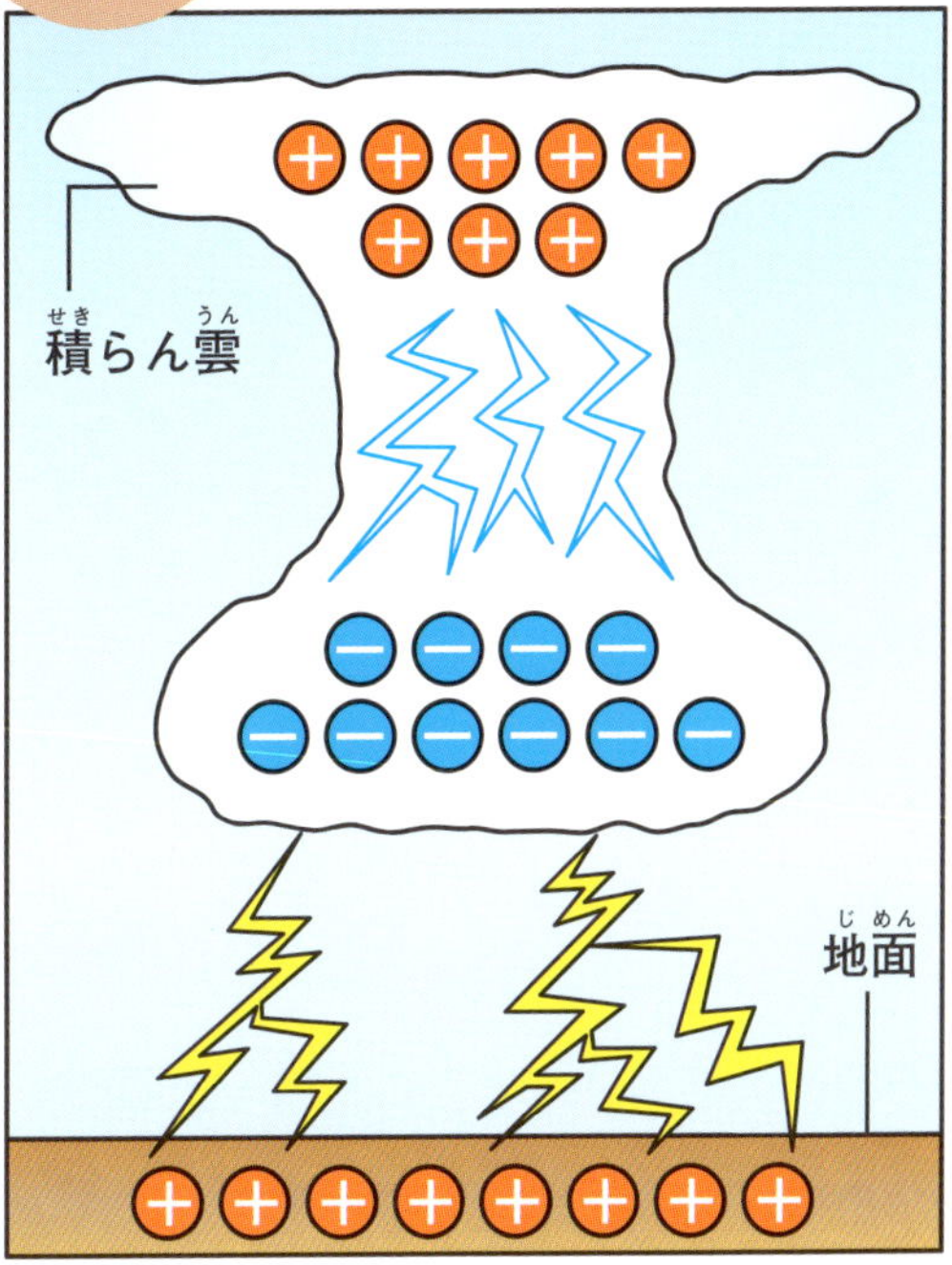

かみなりが光《ひか》ったり鳴《な》ったりしたら、すぐに建物《たてもの》の中《なか》にひなんしよう！

※（おうちの方《かた》へ）ここでは、夏《なつ》の雷《かみなり》のしくみについて説明《せつめい》しています。

にじはどうしてできるの？

太陽《たいよう》の光《ひかり》と空気中《くうきちゅう》の水《みず》のつぶが作《つく》るよ。

雨上《あめあ》がりに、にじが見《み》えることがあるのは、なぜでしょうか。雨《あめ》がふったあとは、空気中《くうきちゅう》にたくさんの水《みず》のつぶがあります。太陽《たいよう》の光《ひかり》はこの水《みず》のつぶに当《あ》たると、中《なか》で曲《ま》がって、はねかえって、わたしたちの目《め》にとどきます。白《しろ》っぽく見《み》える太陽《たいよう》の光《ひかり》は、実《じつ》は7色《しょく》（赤《あか》・だいだい・黄《き》・緑《みどり》・青《あお》・あい・むらさき）がまざりあってできています。その光《ひかり》の色《いろ》によって曲《ま》がる角度《かくど》がちがい、それぞれが少《すこ》しずつずれてはねかえるので、7色《しょく》に分《わ》かれた色《いろ》のおびのように見《み》えます。これがにじです。

にじは太陽《たいよう》の反対側《はんたいがわ》にあらわれます。天気《てんき》のいい日《ひ》に、太陽《たいよう》にせなかを向《む》けて、きりふきやホースで水《みず》をまいてみましょう。にじを作《つく》ることができますよ。

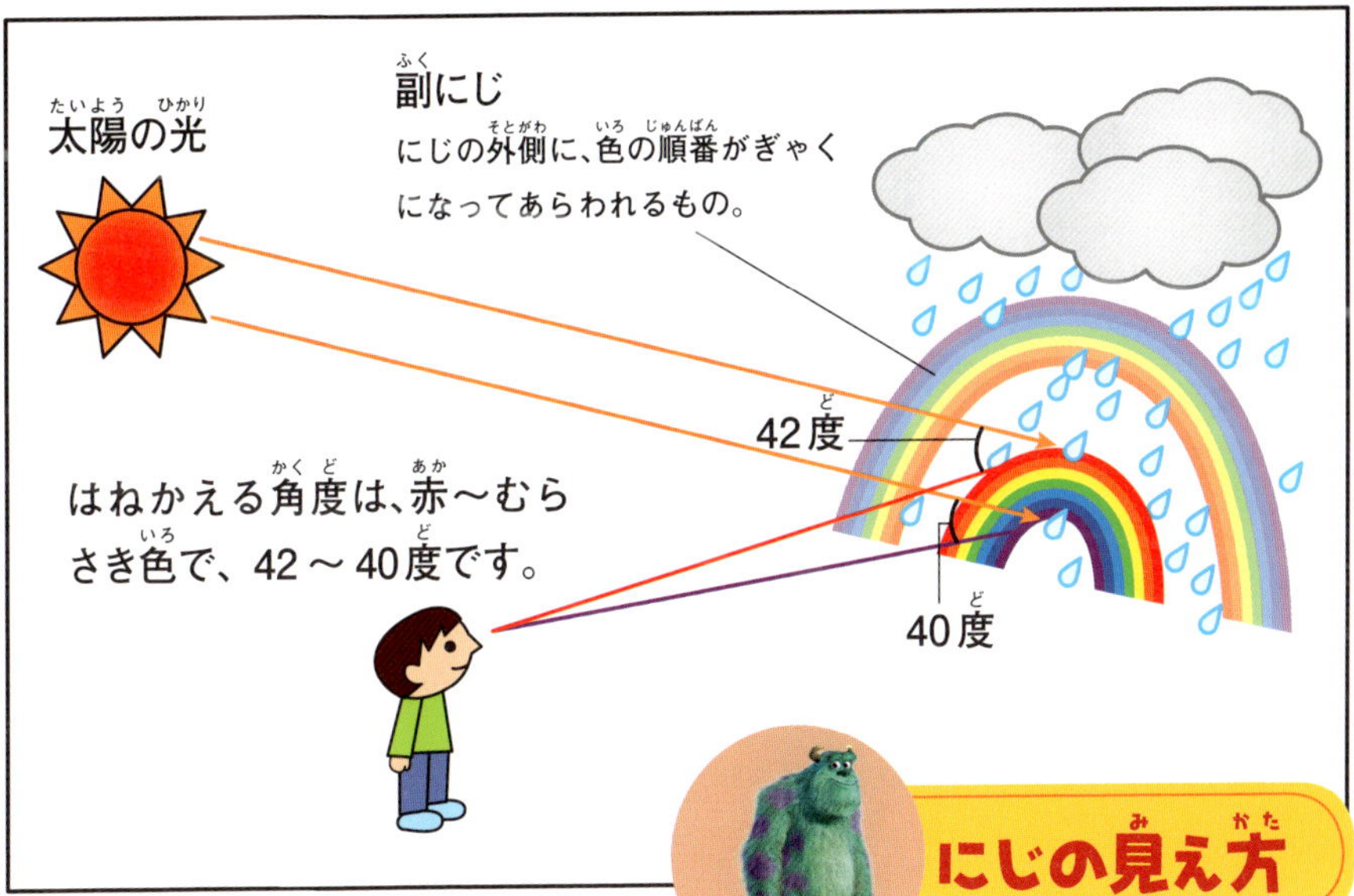

にじの見《み》え方《かた》

知《し》っているかな？

プリズムというものを見《み》たり、聞《き》いたりしたことはありますか。三角形《さんかくけい》の面《めん》を持《も》つガラスのぼうのような、光《ひかり》の実験《じっけん》の道具《どうぐ》です。太陽《たいよう》の光《ひかり》をプリズムに通《とお》すと、7色《しょく》に分《わ》かれて見《み》えます。にじのもととなる空気中《くうきちゅう》の水《みず》のつぶは、このプリズムと同《おな》じはたらきをしているのです。

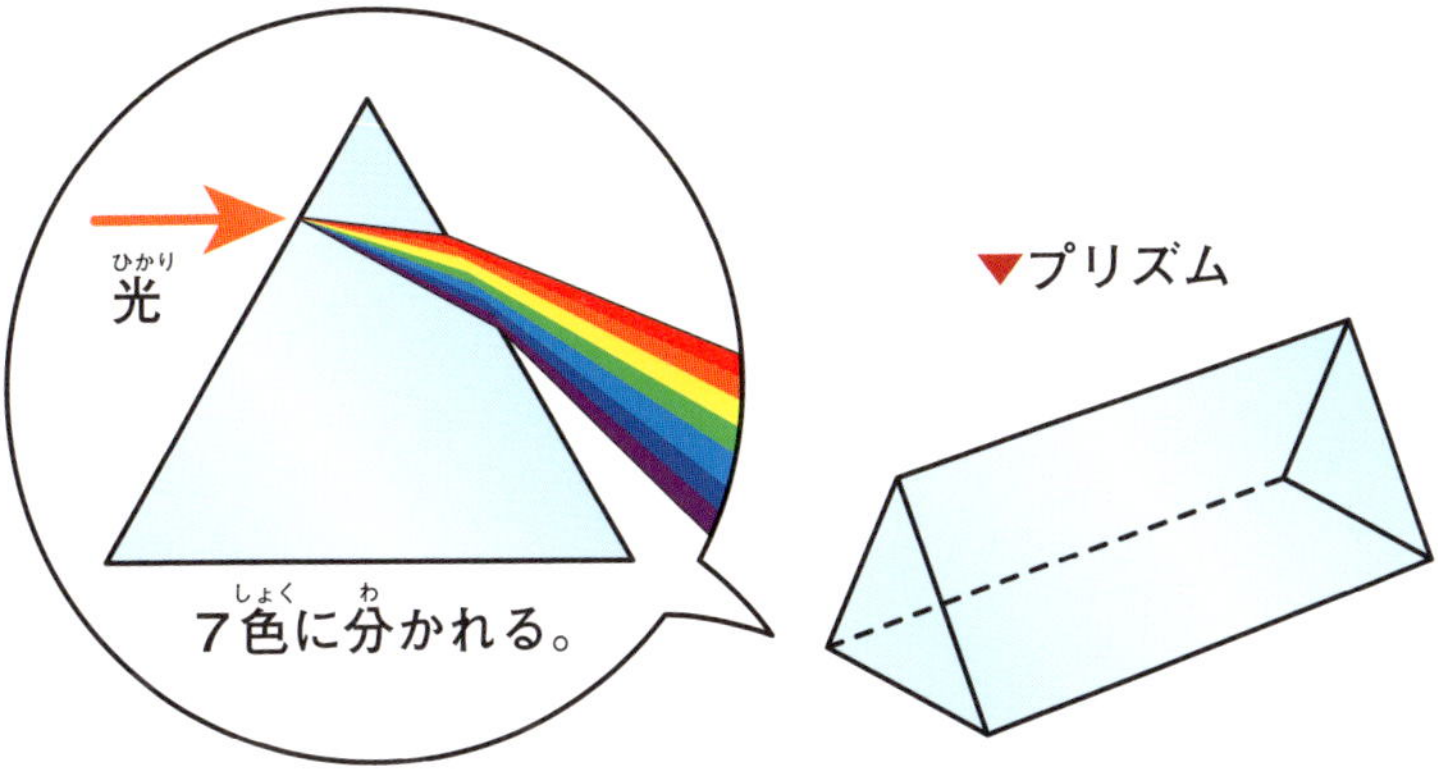

どうして空《そら》は青《あお》いの？夕焼《ゆうや》けは赤《あか》いの？

赤《あか》と青《あお》では光《ひかり》の進《すす》み方《かた》がちがうからだよ。

太陽《たいよう》の光《ひかり》の色《いろ》は、にじの7色《しょく》（⇩36ページ）が集《あつ》まってできています。7色《しょく》の光《ひかり》は、波《なみ》のように空気《くうき》を通《とお》りぬけますが、進《すす》み方《かた》がそれぞれことなります。赤《あか》は波《なみ》の長《なが》さが長《なが》く、青《あお》は短《みじか》いのです。また、光《ひかり》の波《なみ》が通《とお》る空気中《くうきちゅう》には、目《め》に見《み》えないほどの小《ちい》さなちりや水《みず》のつぶなどがうかんでいます。

昼間《ひるま》は、波《なみ》の長《なが》さが短《みじか》い青《あお》い光《ひかり》が、空気中《くうきちゅう》のちりや水《みず》のつぶにぶつかって、あちこちに散《ち》らばり、それがわたしたちの目《め》に入《はい》るので、空《そら》は青《あお》く見《み》えます。赤《あか》い光《ひかり》はちりにぶつかることなく間《あいだ》をすりぬけていくので、目《め》で見《み》えません。

夕方《ゆうがた》になると、太陽《たいよう》がかた

光《ひかり》は波《なみ》のように進《すす》むんだよ。

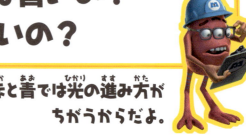

むき、光《ひかり》が空気中《くうきちゅう》を進《すす》むきょりは昼《ひる》よりも長《なが》くなります。すると青《あお》い光《ひかり》はすぐに散《ち》らばるので先《さき》に見《み》えなくなってしまいます。今《いま》まですりぬけていた赤《あか》い光《ひかり》がとどいて、空気中《くうきちゅう》の小《ちい》さなちりにぶつかって、あちこちに散《ち》らばり、それが目《め》に入《はい》るので、空《そら》は赤《あか》く見《み》えます。

太陽《たいよう》の光《ひかり》の見《み》え方《かた》

ジャングルって何《なに》？

ほぼ毎日雨《まいにちあめ》がふって1年中《ねんじゅう》あたたかいところに育《そだ》つ、大《おお》きな森《もり》のことだよ。

ジャングルとは、赤道《せきどう》（⇩24ページ）の近《ち か》くに広《ひろ》がっている、大《おお》きな森《もり》のことです。気候《きこう》は1年中《ねんじゅう》あたたかく、ほぼ毎日《まいにち》、午後《ごご》には強《つよ》い風《かぜ》といっしょにはげしい雨《あめ》がふりそそぎます。おもなジャングルは、南《みなみ》アメリカのアマゾン、西《にし》アフリカのコンゴ、東南《とうなん》アジアのボルネオ島《とう》です。アマゾンの面積《めんせき》は、日本《にっぽん》の9倍《ばい》以《い》上《じょう》！ 世界一大《せかいいちおお》きなジャングルです。

ジャングルには、地球上《ちきゅうじょう》の生《い》きものの半分以上《はんぶんいじょう》といわれる、さまざまな種類《しゅるい》の動物《どうぶつ》や虫《むし》、鳥《とり》などがくらしています。また、植物《しょくぶつ》の種類《しゅるい》も多《おお》く、地球上《ちきゅうじょう》のさんその約《やく》40パーセントを作《つく》っています。せの高《たか》い木《き》は50メートルにもなります。

世界《せかい》のおもなジャングル

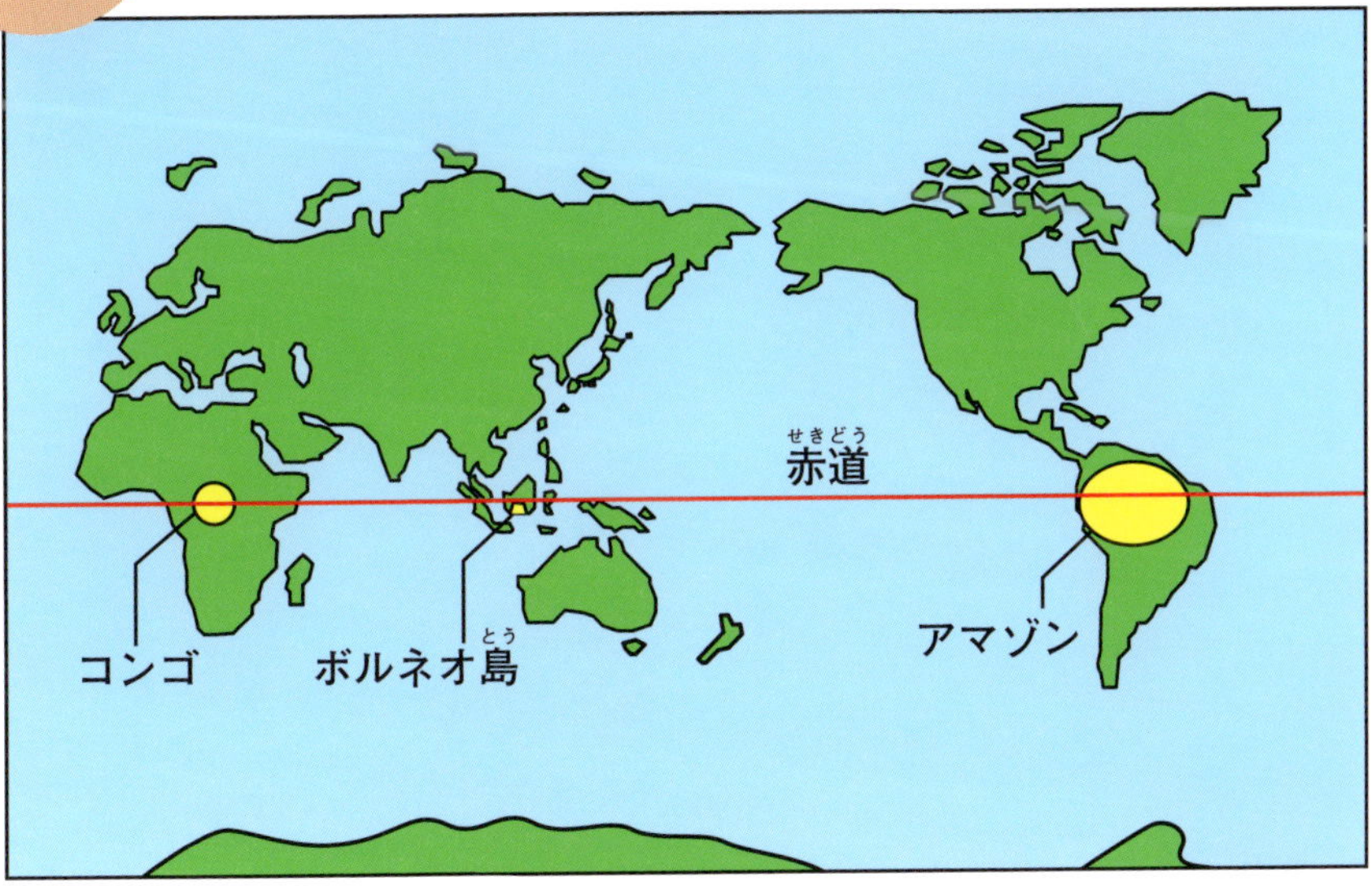
赤道《せきどう》
コンゴ
ボルネオ島《とう》
アマゾン

どれも赤道《せきどう》の近《ちか》くにあるね。

知《し》っているかな？

2秒間《びょうかん》に
ひとつ分《ぶん》！

ジャングルでは、人間《にんげん》が畑《はたけ》を作《つく》ったり、紙《かみ》の材料《ざいりょう》にするために、たくさんの木《き》が切《き》られています。2秒間《びょうかん》ごとに、サッカーフィールドひとつ分《ぶん》の木々《きぎ》が失《うしな》われているといわれ、ジャングルが小《ちい》さくなっていくことは、世界的《せかいてき》な問題《もんだい》になっています。

おさらいクイズ

大気《たいき》のことがわかったかな。
クイズにちょう戦《せん》しよう！
（答《こた》えは44ページ）

Q1

空気《くうき》はあたたまるとどうなる？

A ふくらんで重《おも》くなる

B ふくらんで軽《かる》くなる

C ちぢんで軽《かる》くなる

Q2

雲《くも》は何《なに》でできている？

A 水《みず》や氷《こおり》のつぶ

B ガスやちり

C 電気《でんき》のつぶ

Q3

上《うえ》に向《む》かう空気《くうき》の流《なが》れを何《なん》という？

A 上《じょう》しょう気流《きりゅう》

B 温《おん》だん化《か》

C 放《ほう》しゃ

Q4

赤道《せきどう》に近《ちか》いほど太陽《たいよう》の光《ひかり》がななめから当《あ》たる。○か×か。

○

×

Q5

たつまきのもとは何《なに》？

A 海水《かいすい》

B 空気中《くうきちゅう》のちり

C 積《せき》らん雲《うん》

Q6

かみなりのもとは何《なに》？

A 電《でん》じ石《しゃく》

B 静電気《せいでんき》

C マグマ

Q7

太陽《たいよう》の光《ひかり》はいくつの色《いろ》でできている？

A 1色《しょく》

B 3色《しょく》

C 7色《しょく》

Q8

ジャングルはどこにある？

A 北極《ほっきょく》の近《ちか》く

B 南極《なんきょく》の近《ちか》く

C 赤道《せきどう》の近《ちか》く

答《こた》え

A1
B

軽《かる》くなるので上《うえ》に上《のぼ》る。

A2
A

水《すい》じょう気《き》が空《そら》に上《のぼ》って冷《ひ》えて雲《くも》になる。

A3
A

あたためられた空気《くうき》が上《うえ》に上《のぼ》ること。

A4
×

赤道《せきどう》に近《ちか》いほど真上《まうえ》からたくさんの光《ひかり》が当《あ》たる。

A5
C

大《おお》きな雲《くも》のかたまり。

A6
B

雲《くも》と地上《ちじょう》の電気《でんき》で静電気《せいでんき》が生《う》まれる。

A7
C

にじの7色《しょく》。

A8
C

1年中《ねんじゅう》あたたかいところ。

2

山《やま》のふしぎ

地球《ちきゅう》が生《う》みだすおどろくべきエネルギーで、山《やま》さえ動《うご》く！

【山《やま》】

世界《せかい》でいちばん高《たか》い山《やま》、エベレストの高《たか》さは８８４８メートルです。これほど高《たか》い山《やま》が、どのようにしてできたと思《おも》いますか。山《やま》のでき方《かた》を考《かんが》えるときにわすれてならないのが、ひとつに火山《かざん》。それから、プレートの運動《うんどう》です。地球《ちきゅう》の陸《りく》と海底《かいてい》の下《した》には「プレート」というあつさ50～１００キロメートルほどの板《いた》があり、地球《ちきゅう》をおおっています。プレートは、十数《じゅうすう》まいのパズルのように分《わ》かれていて、それぞれ決《き》まった方向《ほうこう》に、とてもゆっくりと動《うご》いています。

地球《ちきゅう》はよくたまごに例《たと》えられます。黄身《きみ》に当《あ》たる部分《ぶぶん》は、地球《ちきゅう》の内《ない》かくと外《がい》かくで、白身《しろみ》の部分《ぶぶん》は、マントルです。マントルをおおっているのが、表面《ひょうめん》の地《ち》かくで、たまごのからに当《あ》たります。プレートは、地《ち》かくとマントルの上《うえ》の部分《ぶぶん》がくっついたところです。地球《ちきゅう》の内《ない》かくの温度《おんど》は６０００度《ど》以上《いじょう》。この熱《ねつ》のために外《がい》かくはどろどろにとけて、その上《うえ》のマントルの中《なか》に流《なが》れを作《つく》ります。この流《なが》れによって、その上《うえ》のプレートも動《うご》き、さらにその上《うえ》の陸《りく》や海《うみ》も動《うご》くというわけです。

地球《ちきゅう》のなぞをとくカギになるので、よくおぼえてくださいね。

山《やま》にもなぞがいっぱいだ！

山《やま》はどうやってできたの？

“板《いた》”が動《うご》いてできたんだよ。

わたしたちにとても身《み》近《ぢか》な山《やま》ですが、地面《じめん》から生《は》えてきたわけでも、だれかが土《つち》をもったのでもありません。山《やま》は地面《じめん》が動《うご》いてできました。正《せい》かくにいうと、地《じ》面《めん》（地《ち》かく）の下《した》にある、地球《ちきゅう》の表面《ひょうめん》をおおっているプレート（⇩46ページ）という板《いた》のようなものが動《うご》いて、とても長《なが》い年月《ねんげつ》をかけて、山《やま》を作《つく》ったのです。プレートはいくつものパーツからなり、くっついているとなりどうしで、おしたり、はなれたりしています。山《やま》は、プレートがおしくらまんじゅうのようにおしあって、おたがいにゆずらないままもりあがったり、切《き》れてずれたりしてできました。かたい岩石《がんせき》でできている地《ち》かくが動《うご》いてしまうほど、プレートの動《うご》く力《ちから》は大《おお》きいということです。さっそく、山《やま》のでき方《かた》について見《み》てみましょう。

❶ もりあがってできた場合《ばあい》

地《ち》かくは、両側《りょうがわ》から強《つよ》い力《ちから》を受《う》けると、波《なみ》のように曲《ま》がります。高《たか》いところと低《ひく》いところができて、高《たか》いところが山《やま》になります。

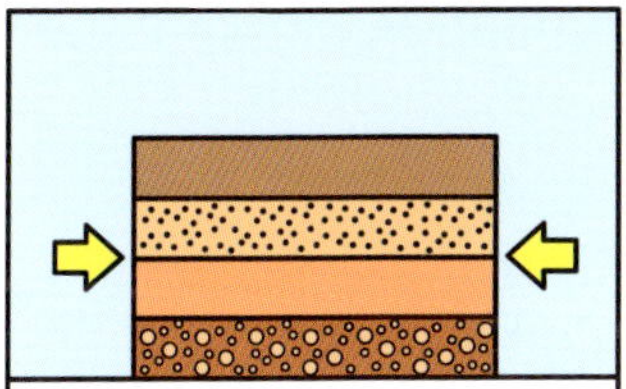

プレートの動《うご》きによって両側《りょうがわ》から力《ちから》が加《くわ》わる。

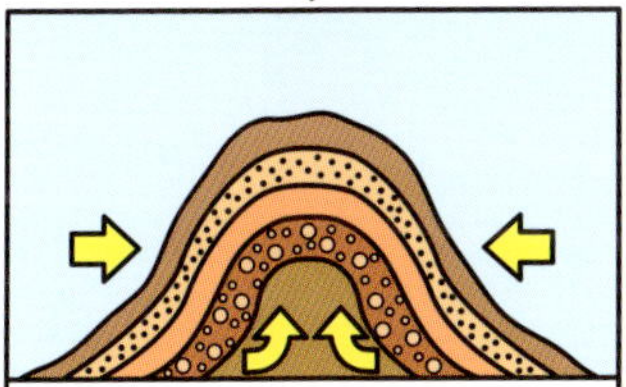

地《ち》かくがもりあがって、山《やま》ができる。

❷ 切《き》れてずれた場合《ばあい》

地《ち》かくは両側《りょうがわ》から強《つよ》い力《ちから》を受《う》けると、切《き》れてずれることがあります。かた方《ほう》がもうかた方《ほう》に乗《の》りあがって、山《やま》になります。

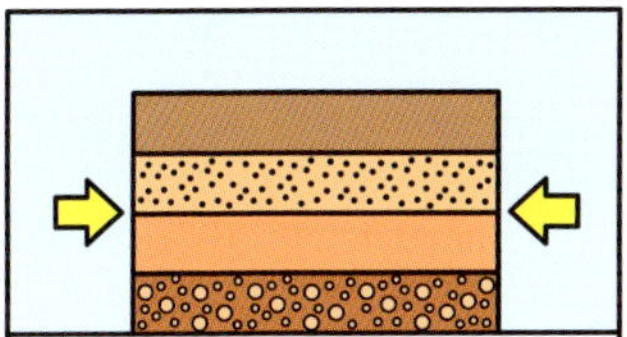

プレートの動《うご》きによって両側《りょうがわ》から力《ちから》が加《くわ》わる。

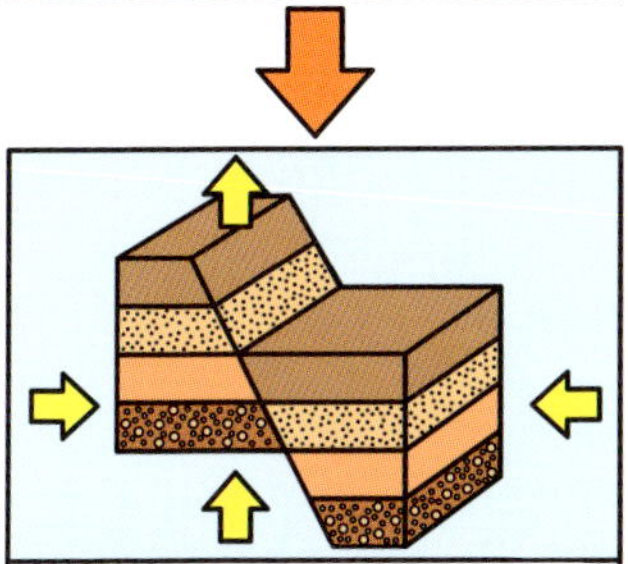

地《ち》かくが切《き》れて、かた方《ほう》が乗《の》りあがる。

※（おうちの方《かた》へ）ここでは、動的《どうてき》な現象《げんしょう》による山《やま》のでき方《かた》について説明《せつめい》しています。

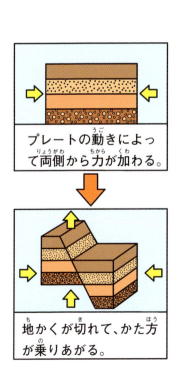

火山《かざん》はどうやってできたの？

マグマがわいてくるところに作《つく》られたよ。

火山《かざん》は、地下《ちか》のマグマ（どろどろに溶《と》けている岩石《がんせき》のもとになる物《ぶっ》しつ）が地上《ちじょう》にふきだしてできる山《やま》のことです。マグマがないと火山《かざん》は作《つく》られません。火山《かざん》ができる場所《ばしょ》は、次《つぎ》の４つになります。

❶ プレートができるところ

プレート（⇩46ページ）がはなれるように動《うご》いているので、できたすきまにマグマが入《はい》りこみ、冷《ひ》えて固《かた》まり、新《あたら》しいプレートができます。「海《かい》れい」といわれるところです。

❷ プレートがもぐりこむところ（1）

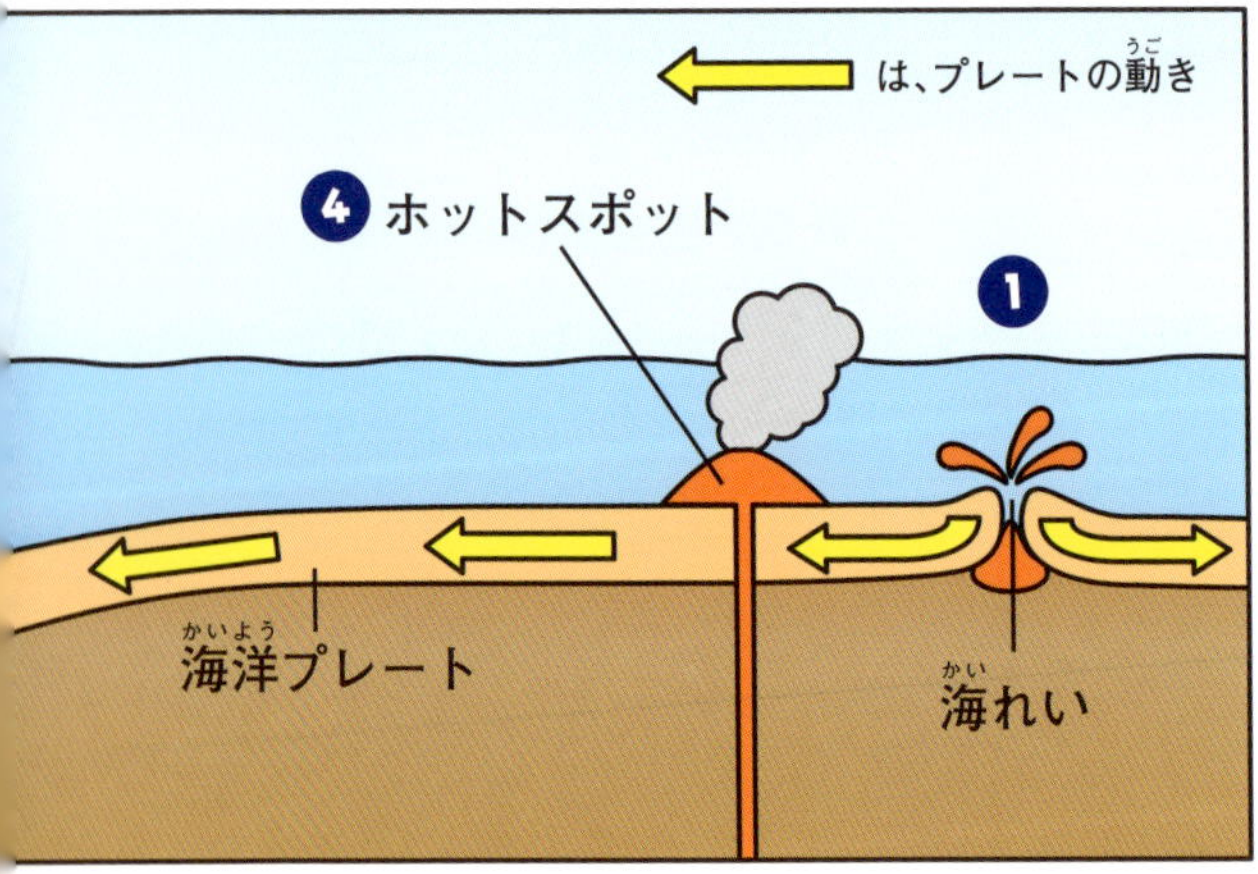

海洋《かいよう》プレートは大陸《たいりく》プレートとぶつかると、「海《かい》こう」から大陸《たいりく》プレートの下《した》にもぐりこみます。内《ない》部《ぶ》のマントル（⇩65ページ）をしげきして、マグマを作《つく》り、それが地上《ちじょう》にふきだし、火山《かざん》を作《つく》ります。

❸ プレートがもぐりこむところ(2)

海洋《かいよう》プレートのしずみこみが強《つよ》い場合《ばあい》、「はいこ海《かい》ぼん」（下図《かず》の❸）の下《した》のプレートが引《ひ》きずられて動《うご》くので、内部《ないぶ》のマントルをしげきし、マグマを作《つく》ります。マグマは上《じょう》しょうし、海《かい》ぼんに火山《かざん》を作《つく》ります。

❹ ホットスポット

プレートとは関係《かんけい》なく、決《き》まった場所《ばしょ》から、マグマがふきだすところをホットスポットといいます。マグマはプレートをつきやぶって火山《かざん》を作《つく》ります。プレートは動《うご》いているので、新《あたら》しい火山《かざん》が列《れつ》になってできていきます。

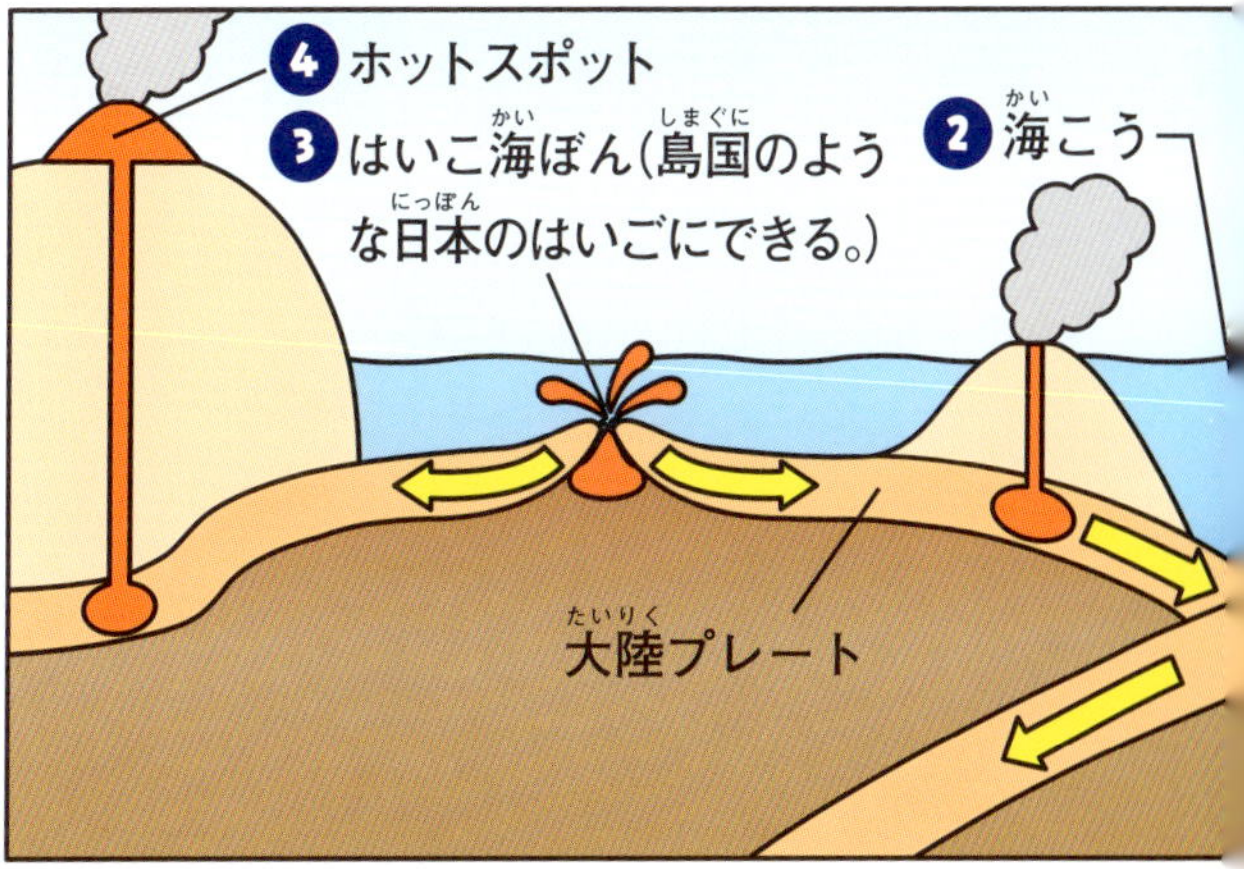

富士山《ふじさん》の中《なか》に昔《むかし》の富士山《ふじさん》がかくれているってホント？

**ホントだよ。
3つの火山《かざん》をのみこんでできたんだよ。**

歌《うた》や絵《え》のテーマになるなど、富士山《ふじさん》は日本人《にっぽんじん》が大好《だいす》きな山《やま》ですが、実《じつ》は、富士山《ふじさん》は火山《かざん》で、今《いま》の富士山《ふじさん》は別《べつ》の火山《かざん》をのみこんだすがただと知《し》っていますか。

富士山《ふじさん》はこれまでの約《やく》1200年間《ねんかん》に10回《かい》のふん火《か》をしてきたことが昔《むかし》の文書《ぶんしょ》からわかっています。最近《さいきん》のふん火《か》は約《やく》300年前《ねんまえ》のことです。げんざい、地下《ちか》にはマグマがあります。そろそろ次《つぎ》のふん火《か》があってもおかしくないのですが、予想《よそう》するのはとてもむずかしいです。富士山《ふじさん》は大《おお》きな火山《かざん》であること、この300年間《ねんかん》ふん火《か》がないので、最新《さいしん》の機器《きき》で、ふん火活動《かかつどう》が調《ちょう》さできていないことがおもな原《げん》いんです。

富士山《ふじさん》は、約《やく》10万年前《まんねんまえ》に最初《さいしょ》のふん火《か》があったあと、近《ちか》くにあった「小御岳火山《こみたけかざん》（先古御岳火山《せんこみたけかざん》をふくむ）」

を火山《かざん》ばいでうもらせて、ひとつの火山《かざん》になりました。これを、今《いま》の富士山《ふじさん》と区別《くべつ》して「古富士火山《こふじかざん》」とよびます。そして、約《やく》1万年前《まんねんまえ》に今《いま》の富士山《ふじさん》が活動《かつどう》を始《はじ》め、古富士火山《こふじかざん》をのみこんで、今《いま》のすがたの「新富士火山《しんふじかざん》」となり、ついには日本《にっぽん》一《いち》の高《たか》さの、3776メートルになりました。

富士山《ふじさん》の成《な》り立《た》ち

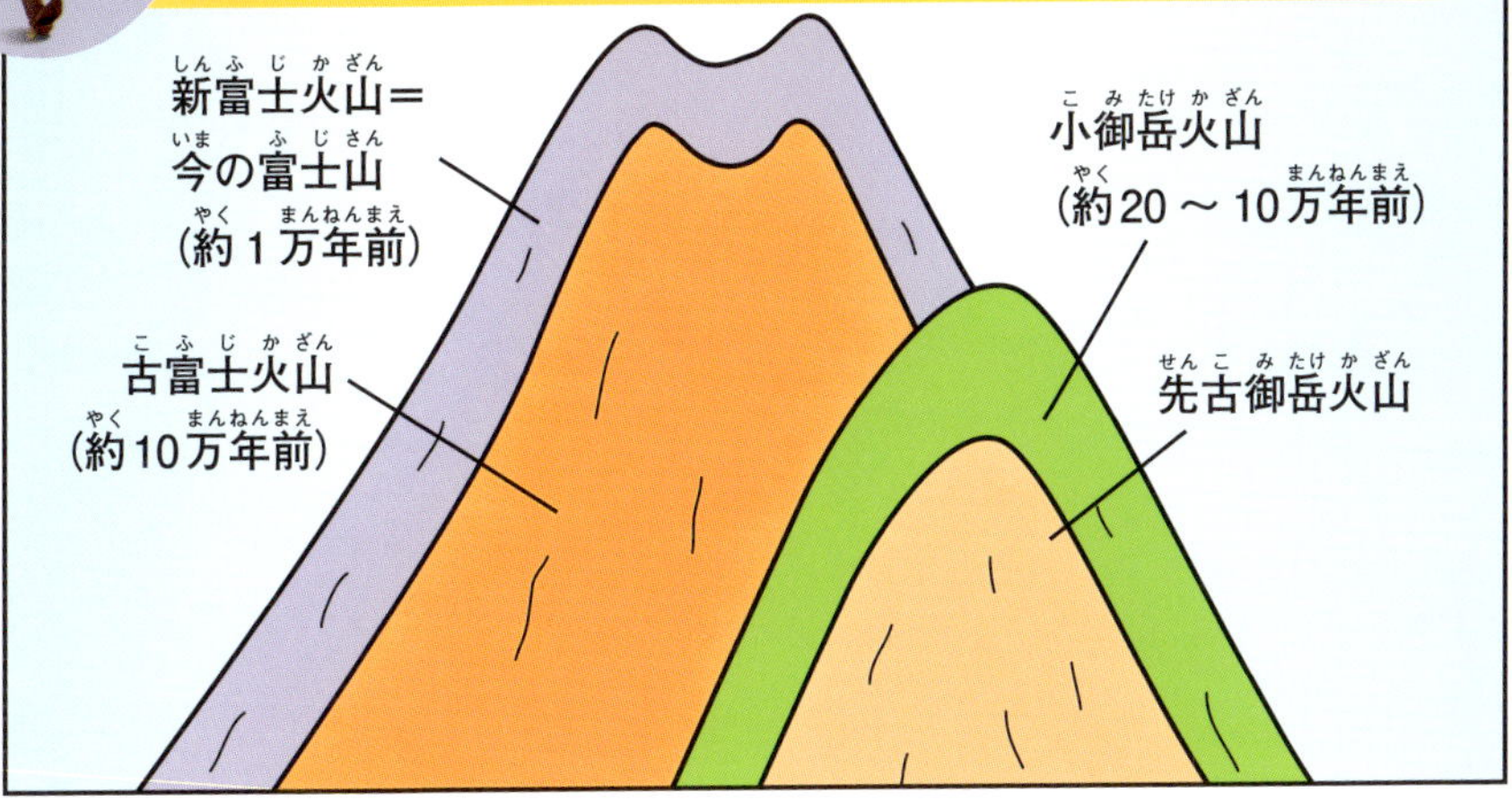
新富士火山《しんふじかざん》＝
今《いま》の富士山《ふじさん》
(約《やく》1万年前《まんねんまえ》)
古富士火山《こふじかざん》
(約《やく》10万年前《まんねんまえ》)
小御岳火山《こみたけかざん》
(約《やく》20～10万年前《まんねんまえ》)
先古御岳火山《せんこみたけかざん》

知《し》っているかな？

富士山《ふじさん》が日本一《にっぽんいち》なのは、高《たか》さだけではありません。富士山《ふじさん》を作《つく》ったマグマの量《りょう》も日本一《にっぽんいち》。その量《りょう》は、小学校《しょうがっこう》の25メートルプールの水量《すいりょう》の約《やく》10億倍《おくばい》です。

山《やま》の高《たか》さはどうやってはかるの？

大《おお》きなものさしを想《そう》ぞうして使《つか》ったり、計算《けいさん》したりしてはかるよ。

山《やま》や土地《とち》の高《たか》さは、標高《ひょうこう》（海《かい》ばつ）ということばを使《つか》って表《あらわ》します。東京《とうきょう》わんの海水面《かいすいめん》の平《へい》きんの高《たか》さを標高《ひょうこう》ゼロメートルとみなして、東京《とうきょう》わんよりどれくらい高《たか》いかをはかることで高《たか》さを決《き》めます。高《たか》さをはかるおもな方法《ほうほう》には「三角《さんかく》そく量《りょう》」と「水《すい》じゅんそく量《りょう》」があります。

❶ 三角《さんかく》そく量《りょう》

山《やま》に大《おお》きな直角三角形《ちょっかくさんかっけい》を当《あ》てたとみなして、計算《けいさん》で高《たか》さを求《もと》めます。標高《ひょうこう》が同《おな》じ2か所《しょ》のきょりをはかります。次《つぎ》に、求《もと》めたい高《たか》さまでの角度《かくど》をはかり、あとは計算《けいさん》で高《たか》さを求《もと》めます。

❷ 水《すい》じゅんそく量《りょう》

2か所《しょ》に標《ひょう》しゃくとよばれる長《なが》さ3メートルの大《おお》き

なものさしを立《た》て、その真《ま》ん中《なか》に水平《すいへい》をはかる道具《どうぐ》、水《すい》じゅんぎを置《お》いて、ふたつの標《ひょう》しゃくの目《め》もりを読《よ》んで、その差《さ》から高《たか》さを求《もと》めます。高《たか》い山《やま》の場合《ばあい》は、これをくりかえします。

これらの方法《ほうほう》なら、富士山《ふじさん》の高《たか》さもはかれるね。

三角《さんかく》そく量《りょう》と水《すい》じゅんそく量《りょう》

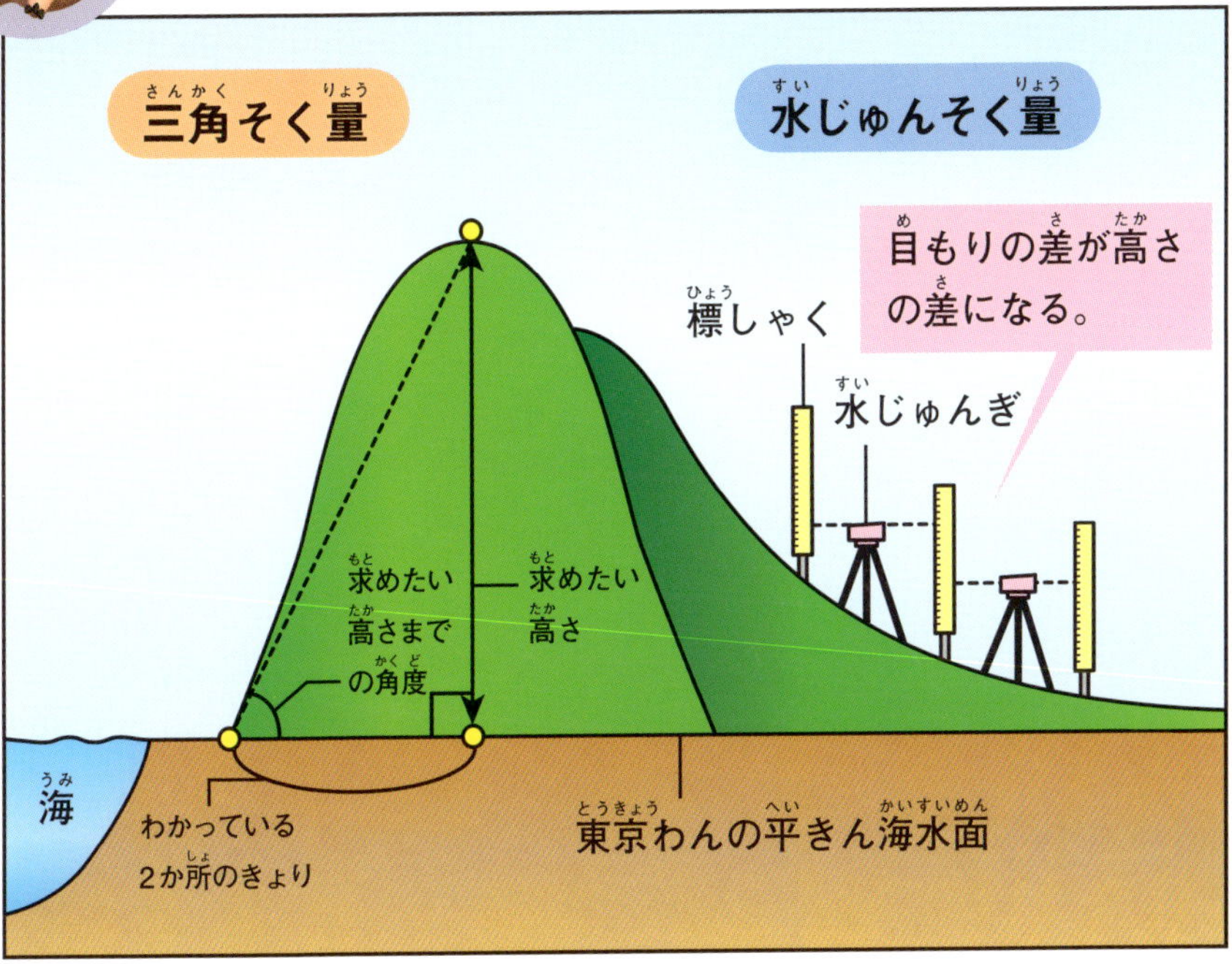

三角《さんかく》そく量《りょう》
水《すい》じゅんそく量《りょう》
目《め》もりの差《さ》が高《たか》さの差《さ》になる。
標《ひょう》しゃく
水《すい》じゅんぎ
求《もと》めたい高《たか》さまでの角度《かくど》
求《もと》めたい高《たか》さ
海《うみ》
わかっている2か所《しょ》のきょり
東京《とうきょう》わんの平《へい》きん海水面《かいすいめん》

ヒマラヤ山脈《さんみゃく》に貝《かい》の化石《かせき》が見《み》つかるのはなぜ？

貝《かい》が歩《ある》いて登《のぼ》ったんじゃないよ。プレートのしわざだよ。

世界一高《せかいいちたか》い山《やま》エベレストがあるヒマラヤ山脈《さんみゃく》のちょう上《じょう》あたりでは、アンモナイトなどの海《うみ》の生物《せいぶつ》の化石《かせき》が見《み》つかっています。アンモナイトが、約《やく》８０００メートルの山《やま》を歩《ある》いて登《のぼ》ったわけではありません。それは、地球《ちきゅう》の表面《ひょうめん》を乗《の》せて動《うご》くプレート（⇩46ページ）のしわざです。

大昔《おおむかし》、インドは、赤道《せきどう》よりも南《みなみ》に「インド大陸《たいりく》」としてありました。インド大陸《たいりく》を乗《の》せたプレートは北《きた》に向《む》かって動《うご》き、約《やく》５０００万年前《まんねんまえ》に、テチス海《かい》の北《きた》にある「ユーラシア大陸《たいりく》」を乗《の》せたプレートにぶつかりました。ふたつのプレートは、長《なが》い年月《ねんげつ》をかけて、おしくらまんじゅうのようにおしあったため、間《あいだ》にあったテチス海《かい》を海底《かいてい》から持《も》ちあげてしまいました。そして海《うみ》の水《みず》はひあがり、底《そこ》がそのままもりあがり、今《いま》のヒマラヤ山脈《さんみゃく》が作《つく》られたのです。インドを乗《の》せたプレートは今《いま》も北《きた》に動《うご》いているので、ヒマラヤ山脈《さんみゃく》は少《すこ》しずつ高《たか》くなっています。

ヒマラヤ山脈《さんみゃく》のでき方《かた》

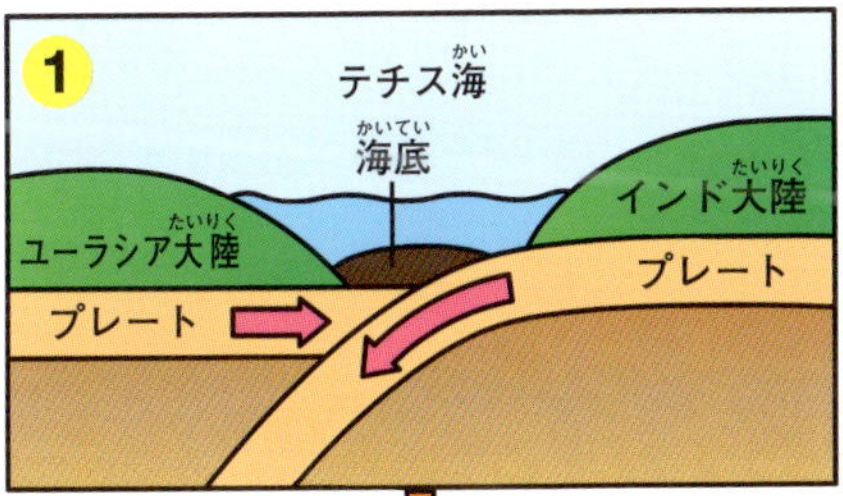

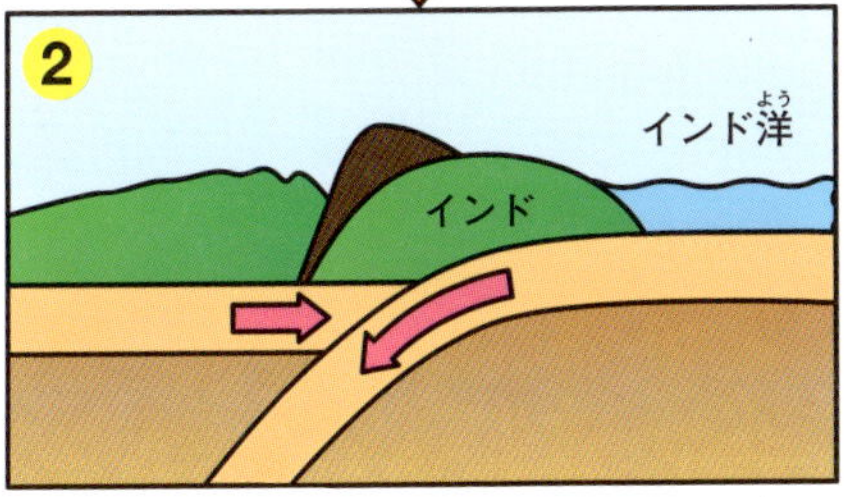

大陸《たいりく》どうしがぶつかって、海底《かいてい》が持《も》ちあがる。

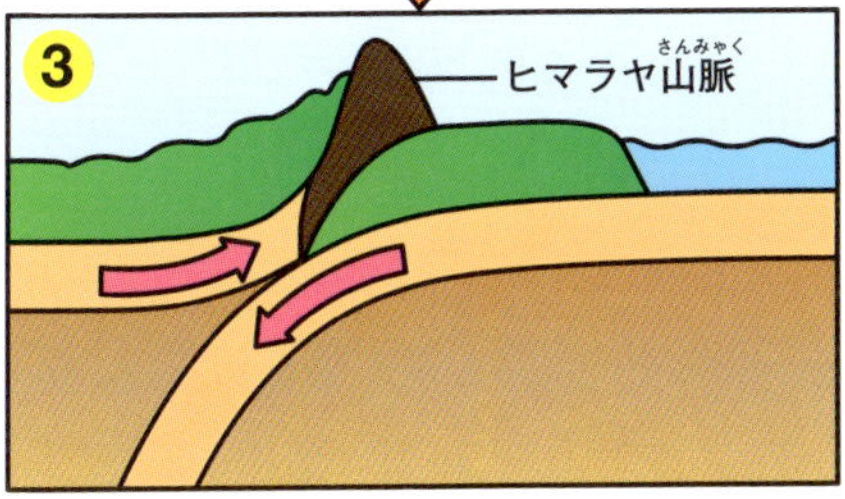

ヒマラヤ山脈《さんみゃく》ができた。

ヒマラヤ山脈《さんみゃく》は、今《いま》も高《たか》くなっているんだよ。

だとしたら、エベレストもまだまだ高《たか》くなるのかな？

おさらいクイズ

地球《ちきゅう》のエネルギーはすごいね！
次《つぎ》のクイズに答《こた》えてみよう。
（答《こた》えは60ページ）

Q1

陸地《りくち》が乗《の》っている板《いた》を何《なん》という？

- A プレート
- B マントル
- C ホットスポット

Q2

プレートが新《あたら》しく生《う》まれるところを何《なん》という？

- A 海《かい》こう
- B ホットスポット
- C 海《かい》れい

Q3

富士山《ふじさん》はここ３００年《ねん》ほどふん火《か》をしていない。○か×か。

- ○
- ×

Q4

山《やま》の高《たか》さを表《あらわ》すことばは？

- A しつ量《りょう》
- B 標高《ひょうこう》
- C 高度《こうど》

Q5

約《やく》5000万年前《まんねんまえ》、ユーラシア大陸《たいりく》にぶつかったのは?

Ⓐ アフリカ大陸《たいりく》

Ⓑ インド大陸《たいりく》

Ⓒ オーストラリア大陸《たいりく》

Q6

ヒマラヤ山脈《さんみゃく》は少《すこ》しずつ低《ひく》くなっている。◯か×か。

◯

×

答《こた》え

A1

Ⓐ

プレートは陸《りく》を乗《の》せて動《うご》いている。

A2

Ⓒ

プレートがはなれたすきまから新《あたら》しいプレートが生《う》まれる。

A3

○

いつふん火《か》があってもいいように、じゅんびしておこう。

A4

Ⓑ

東京《とうきょう》わんの海水面《かいすいめん》からの高《たか》さを表《あらわ》す。

A5

Ⓑ

インド大陸《たいりく》におされてエベレストができたよ。

A6

×

少《すこ》しずつ高《たか》くなっている。

3

地《じ》面《めん》のふしぎ

わたしたちの足《あし》の下《した》には、どんな世界《せかい》が広《ひろ》がっているのかな？

【地面《じめん》】

野山《のやま》に行《い》ったときのことを思《おも》い出《だ》してください。足元《あしもと》には岩《いわ》や石《いし》、すなやどろなど、いろいろな種類《しゅるい》のものがありますね。これらはどこからきたのでしょうか。この章《しょう》では、地球《ちきゅう》のふしぎがいっぱいつまった地中《ちちゅう》の世界《せかい》をのぞいてみましょう。

アーロとスポットが旅《たび》した道《みち》だよ。

ところで「地面《じめん》が動《うご》く」と聞《き》いてイメージするのは、地《じ》しんでしょうか。実《じつ》は、地《じ》しんでなくても、地面《じめん》は人間《にんげん》にわからないくらいのスピードで、いつもゆっくりと動《うご》いています。ここでも、カギとなるのが「プレートの運動《うんどう》」です。「山《やま》」の章《しょう》でも出《で》てきましたね。地面《じめん》がプレートに乗《の》って動《うご》いているなんて、まさに地球《ちきゅう》のふしぎですね！

地面《じめん》からふしぎな生《い》きものが飛《と》びでてびっくり！

地面《じめん》をほっていくと、地球《ちきゅう》のうら側《がわ》に出《で》られる？

とてもがんじょうなロボットが発明《はつめい》されたら、できるかもね。

地球《ちきゅう》はボールのような丸《まる》い形《かたち》をしているので、表面《ひょうめん》を通《とお》ってうら側《がわ》へ行《い》くよりも、中心《ちゅうしん》をつきぬけるトンネルがあればずっと近道《ちかみち》ですよね。でも、地面《じめん》の下《した》は、中心《ちゅうしん》に行《い》くほど温度《おんど》もあつ力《りょく》も高《たか》くなります。中心《ちゅうしん》近《ちか》くの温度《おんど》は６０００度《ど》以上《いじょう》。さらに、どんなにかたいものでも、たちまちぺしゃんこになってしまうほどの、高《たか》いあつ力《りょく》がかかります。

残念《ざんねん》ながら、今《いま》のぎじゅつでは、この熱《ねつ》とあつ力《りょく》にたえられるがんじょうな服《ふく》や乗《の》り物《もの》がありません。地《ち》球《きゅう》のうら側《がわ》に出《で》るためのトンネルは、約《やく》１万《まん》２８００キロメートル。人《ひと》が実《じっ》げんするのはむずかしいですが、しょう来《らい》、ぎじゅつが発達《はったつ》したら、無人《むじん》のロボットがトンネルをほるのに成功《せいこう》するかもしれませんね。

地球《ちきゅう》をわって中《なか》を見《み》てみよう

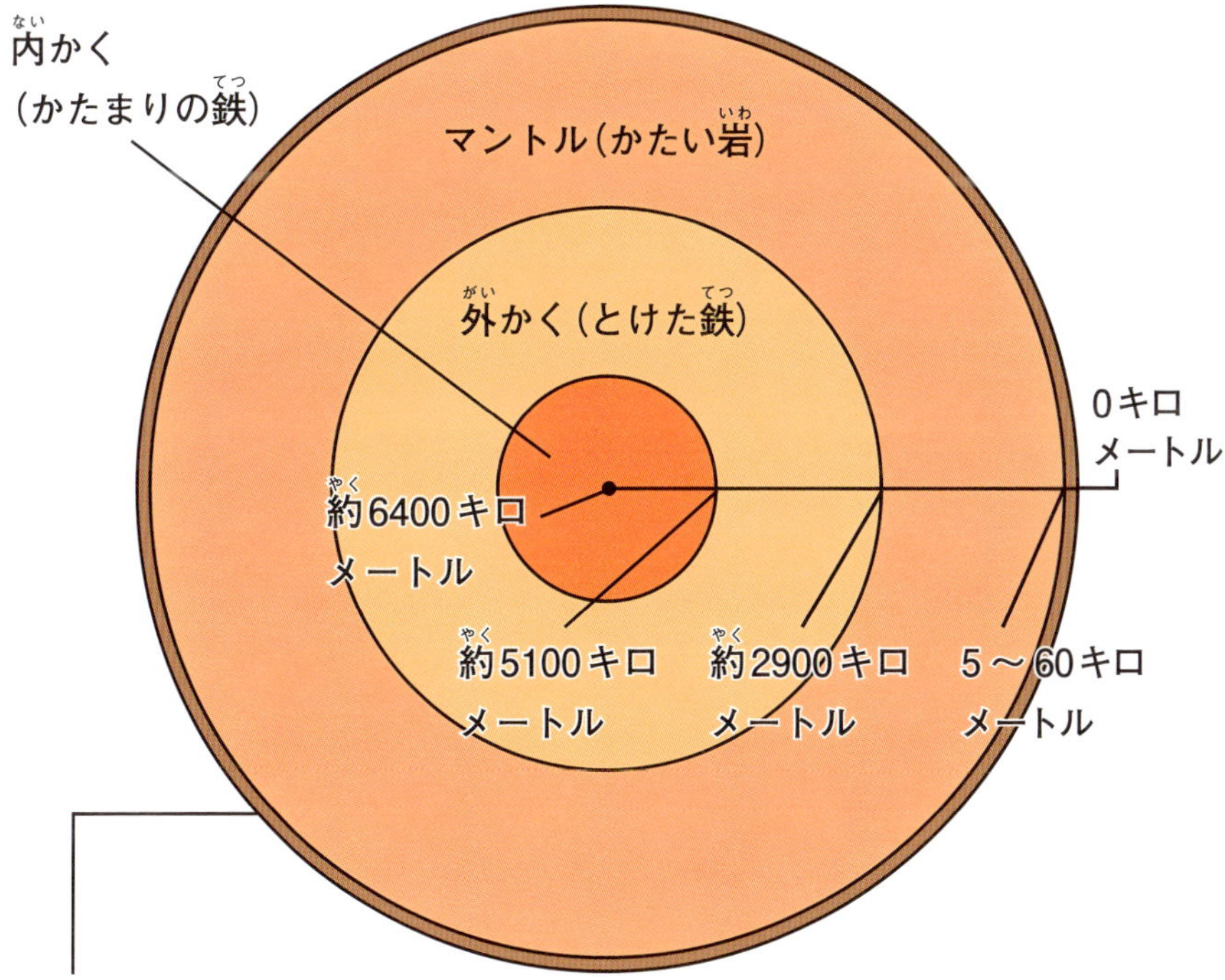

内《ない》かく
(かたまりの鉄《てつ》)
マントル(かたい岩《いわ》)
外《がい》かく(とけた鉄《てつ》)
0キロ
メートル
約《やく》6400キロ
メートル
約《やく》5100キロ
メートル
約《やく》2900キロ
メートル
5～60キロ
メートル

地《ち》かく(陸《りく》と海底《かいてい》を合《あ》わせて、あつさ約《やく》5～60キロメートル。
かたくてうすい岩《いわ》。)

知《し》っているかな？

今《いま》のところ、科学的《かがくてき》な目的《もくてき》のために、陸地《りくち》でいちばん深《ふか》くほられたきょりは、1万《まん》2262メートルです。海底《かいてい》では、3058メートルです。

1万《まん》2262メートルということは、10キロメートルちょっと！　中心《ちゅうしん》までは遠《とお》いなあ。

石《いし》にはいろいろな形《かたち》や色《いろ》があるのはなぜ？

もとになる成分《せいぶん》や、でき方《かた》にちがいがあるよ。

石《いし》と岩《いわ》は、大《おお》きさでよび方《かた》が変《か》わりますが、まとめて岩石《がんせき》とよびます。岩石《がんせき》は、そのでき方《かた》によって大《おお》きく3つに分《わ》けられます。

ひとつは、地下《ちか》の深《ふか》いところでどろどろにとけたマグマが冷《ひ》えて固《かた》まった「火成岩《かせいがん》」です。マグマにふくまれるこう物《ぶつ》という、かたいつぶがくっつきあってできるため、こう物《ぶつ》の種類《しゅるい》や量《りょう》によって、さまざまな色《いろ》

岩石《がんせき》には3つの種類《しゅるい》があります。
たい積岩《せきがん》（できる場所《ばしょ》：海《うみ》や湖《みずうみ》の底《そこ》など）
すなのような細《こま》かいものがたまりやすい場所《ばしょ》でできます。成分《せいぶん》によって、色《いろ》ももようもさまざま。生物《せいぶつ》の化石《かせき》が見《み》つかることもあります。

になります。ふたつめは、大昔《おおむかし》に海底《かいてい》に積《つ》もったどろやすな、火山《かざん》ばい、生物《せいぶつ》の死《し》がいなどが、長《なが》い時間《じかん》をかけて固《かた》まったもので「たい積岩《せきがん》」といいます。そして、火成岩《かせいがん》やたい積岩《せきがん》は、地中《ちちゅう》のマグマなどの熱《ねつ》やあつ力《りょく》の作用《さよう》を受《う》けると、「変成岩《へんせいがん》」となります。

こうしてできた岩石《がんせき》が、風《かぜ》や雨《あめ》にうたれてけずられたり、川《かわ》で流《なが》されてぶつかりあい、角《かど》がとれて小《ちい》さくなったりして、いろいろな形《かたち》の石《いし》ができるのです。

岩石《がんせき》の種類《しゅるい》とできる場所《ばしょ》

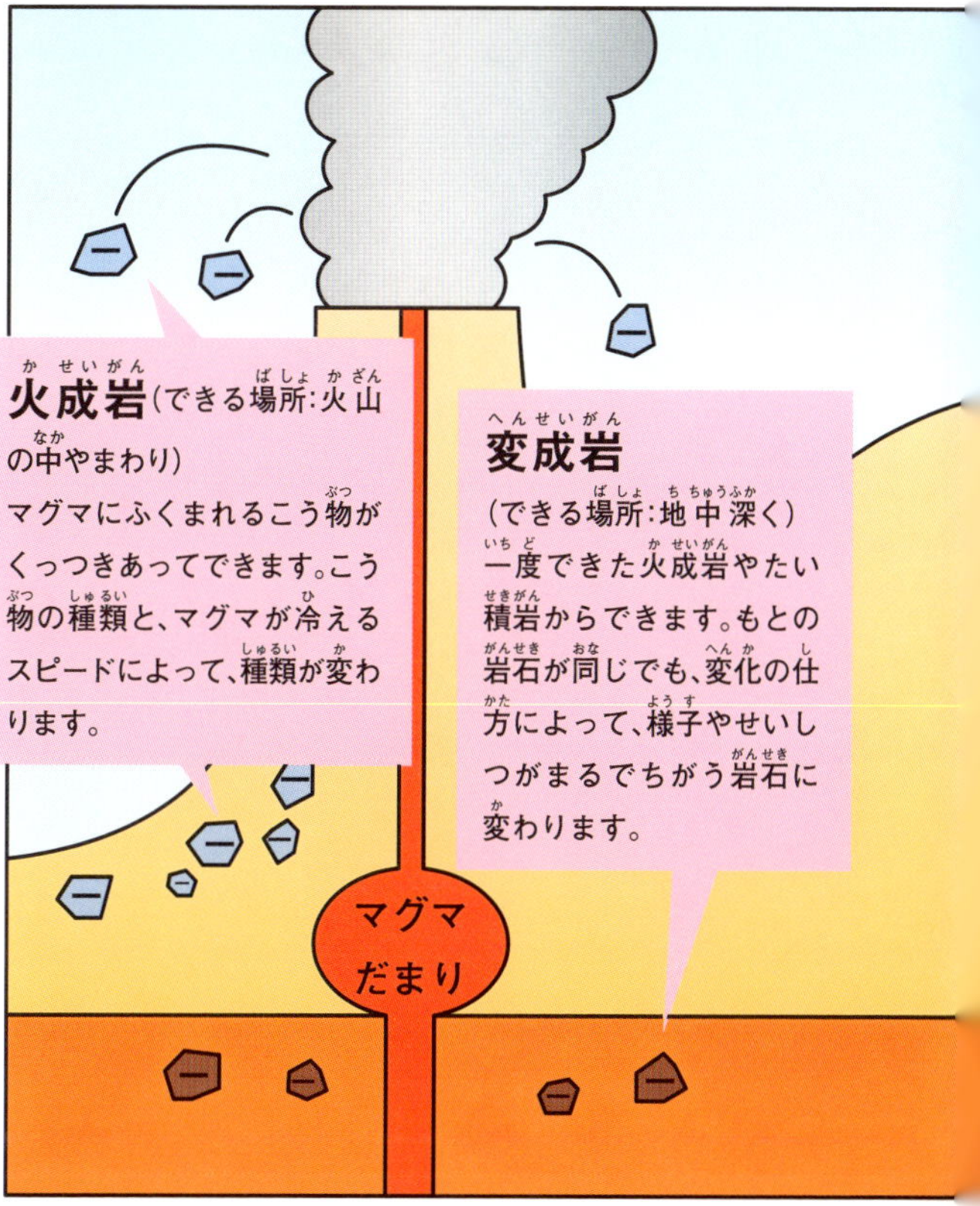
火成岩《かせいがん》（できる場所《ばしょ》：火山《かざん》の中《なか》やまわり）
マグマにふくまれるこう物《ぶつ》がくっつきあってできます。こう物《ぶつ》の種類《しゅるい》と、マグマが冷《ひ》えるスピードによって、種類《しゅるい》が変《か》わります。
変成岩《へんせいがん》
（できる場所《ばしょ》：地中深《ちちゅうふか》く）
一度《いちど》できた火成岩《かせいがん》やたい積岩《せきがん》からできます。もとの岩石《がんせき》が同《おな》じでも、変化《へんか》の仕方《しかた》によって、様子《ようす》やせいしつがまるでちがう岩石《がんせき》に変《か》わります。
マグマだまり

火成岩《かせいがん》とたい積《せき》岩《がん》は、地中《ちちゅう》で変《へん》成岩《せいがん》になるよ。

土《つち》は何《なに》でできているの？

いろいろなものがまざりあった、栄養《えいよう》のかたまりだよ。

土《つち》を手《て》でつかんでみると、すなよりもしっとりと重《おも》みがありますね。土《つち》には、水分《すいぶん》のほかにも、動物《どうぶつ》や植物《しょくぶつ》が育《そだ》ち、生活《せいかつ》をするために必要《ひつよう》な、たくさんの栄《えい》養《よう》がふくまれています。そんな大切《たいせつ》な土《つち》を土《ど》じょうとよびます。

土《ど》じょうは、おもに岩石《がんせき》のかけらからできています。その中《なか》には、かれた植物《しょくぶつ》や動物《どうぶつ》のふん、死《し》がいなどがふくまれています。それをダンゴムシのような小《ちい》さな生物《せいぶつ》が食《た》べて、ふんをします。そのふんを、もっと小《ちい》さなび生物《せいぶつ》が、次《つぎ》に生《は》える植物《しょくぶつ》のための栄養分《えいようぶん》に変《か》えます。これを「分《ぶん》かい」といいます。

ゆたかな土《ど》じょうは、たくさんの生物《せいぶつ》の力《ちから》で、長《なが》い年月《ねんげつ》をかけてできあがります。

土《ど》じょうはこうしてめぐっている

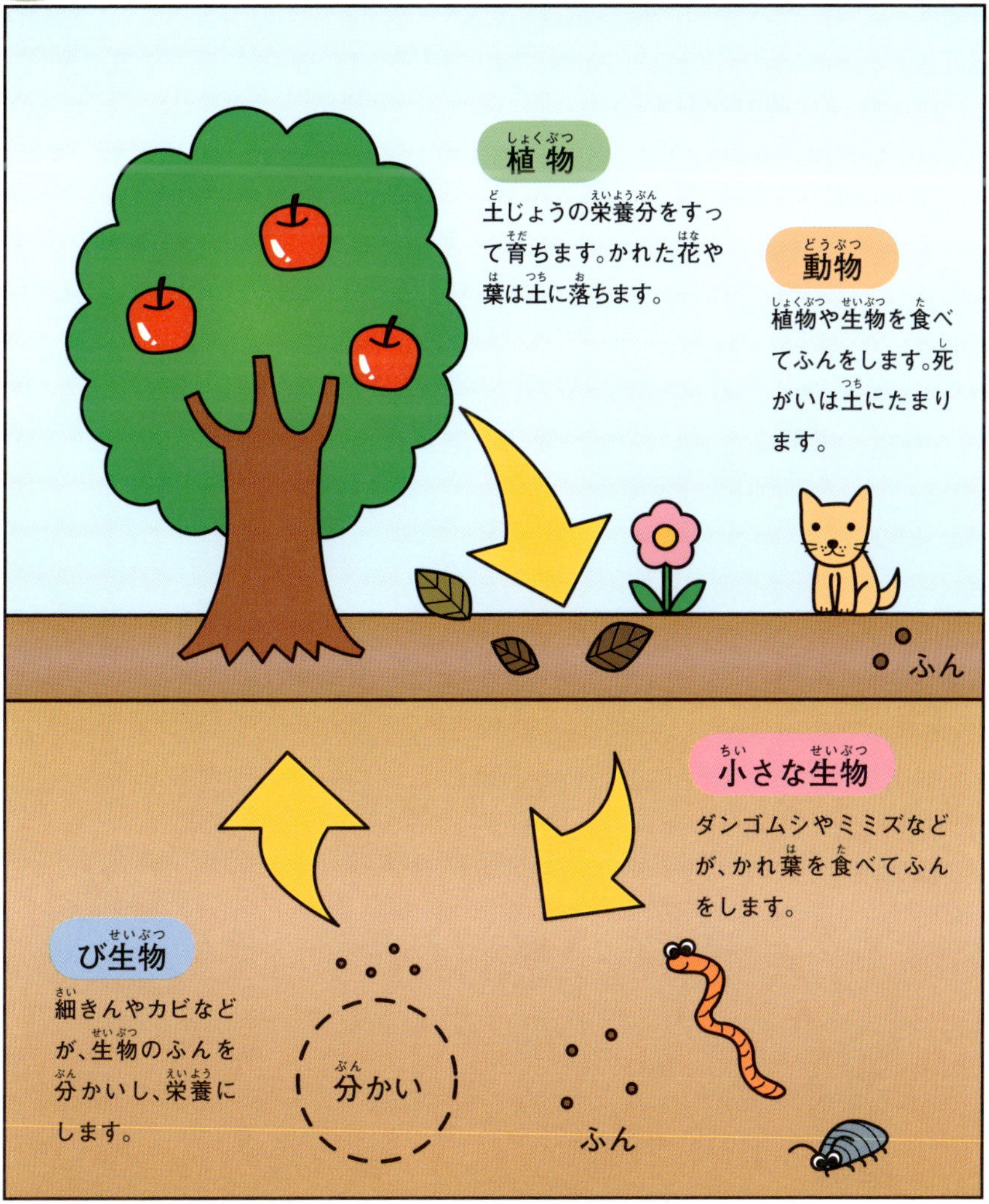

土《ど》じょうは生物《せいぶつ》や植物《しょくぶつ》の生《い》きる場《ば》。それぞれが活《かつ》動《どう》をすることで、おたがい助《たす》けあっているんだね。

すなはどうやってできたの？

岩《いわ》がけずられて小《ちい》さくなって、すなになるよ。

みなさんは、海《うみ》のすなはまで遊《あそ》んだことがありますか。いくらほってもなくならない、たくさんのすな。

では、このすなは、どこから来《き》たのでしょうか。

すなのもとは、大《おお》きな岩石《がんせき》です。山《やま》で生《う》まれた岩石《がんせき》は川《かわ》に流《なが》され、高《たか》いところから低《ひく》いところへ、つまり山《やま》から海《うみ》へと運《はこ》ばれます。その流《なが》れの中《なか》で、岩石《がんせき》どう

岩《いわ》からすなへ変《か》わっていくんだね。

岩《いわ》
山《やま》
川《かわ》
できたばかりはゴツゴツ。
石《いし》
角《かど》がけずられコロコロに。
大《だい》
石《いし》
岩《いわ》

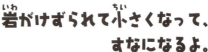

しがぶつかりあい、けずりあって、だんだん小《ちい》さくなって石《いし》となり、さらに小《ちい》さなつぶになると、すなになるのです。重《おも》たい岩《いわ》や石《いし》は、川《かわ》の底《そこ》にたまっていきますが、すなは軽《かる》いので、海《うみ》まで流《なが》されます。すなと石《いし》と岩《いわ》は兄弟《きょうだい》なのです。

海《うみ》にはほかにも、さんごの死《し》がいや、貝《かい》がらが細《こま》かくくだけたものがあります。これらが波《なみ》におしよせられてたまったところが、すなはまです。

岩《いわ》と石《いし》とすな

岩《いわ》からすなに、自然《しぜん》の力《ちから》によって形《かたち》が変《か》わっていくことを、「風化《ふうか》」といいます。

すなよりも小《ちい》さいものは「どろ」だよ。直径《ちょっけい》0.063ミリメートルより小《ちい》さいよ。

ダイヤモンドはえんぴつのしんと同《おな》じってホント？

どちらも「炭《たん》そ」からできているよ。

地球上《ちきゅうじょう》でいちばんかたいものといわれるダイヤモンドが生《う》まれるのは、地下《ちか》約《やく》150キロメートルのマントル（⇩65ページ）というところ。温度《おんど》がとても高《たか》く、強《つよ》いあつ力《りょく》がかかる場所《ばしょ》です。このあつ力《りょく》で「炭《たん》そ」のつぶが固《かた》く結《むす》びつけられ、ダイヤモンドができます。ダイヤモンドは「キンバーライト」という特別《とくべつ》な火成《かせい》岩《がん》（⇩66ページ）にふくまれます。キンバーライトは、火山《かざん》のふん火《か》とともに新《しん》かん線《せん》なみの速《はや》いスピードでおしあげられ、ダイヤモンドを地上《ちじょう》へ運《はこ》びます。

一方《いっぽう》、えんぴつのしんのもとは「黒《こく》えん」という黒《くろ》いこう物《ぶつ》です。黒《こく》えんも炭《たん》そからできていますが、つぶの結《むす》びつき方《かた》はダイヤモンドのように強《つよ》くありません。そのため、字《じ》を書《か》いたりけずったりできるのです。

ダイヤモンドがとれるまで

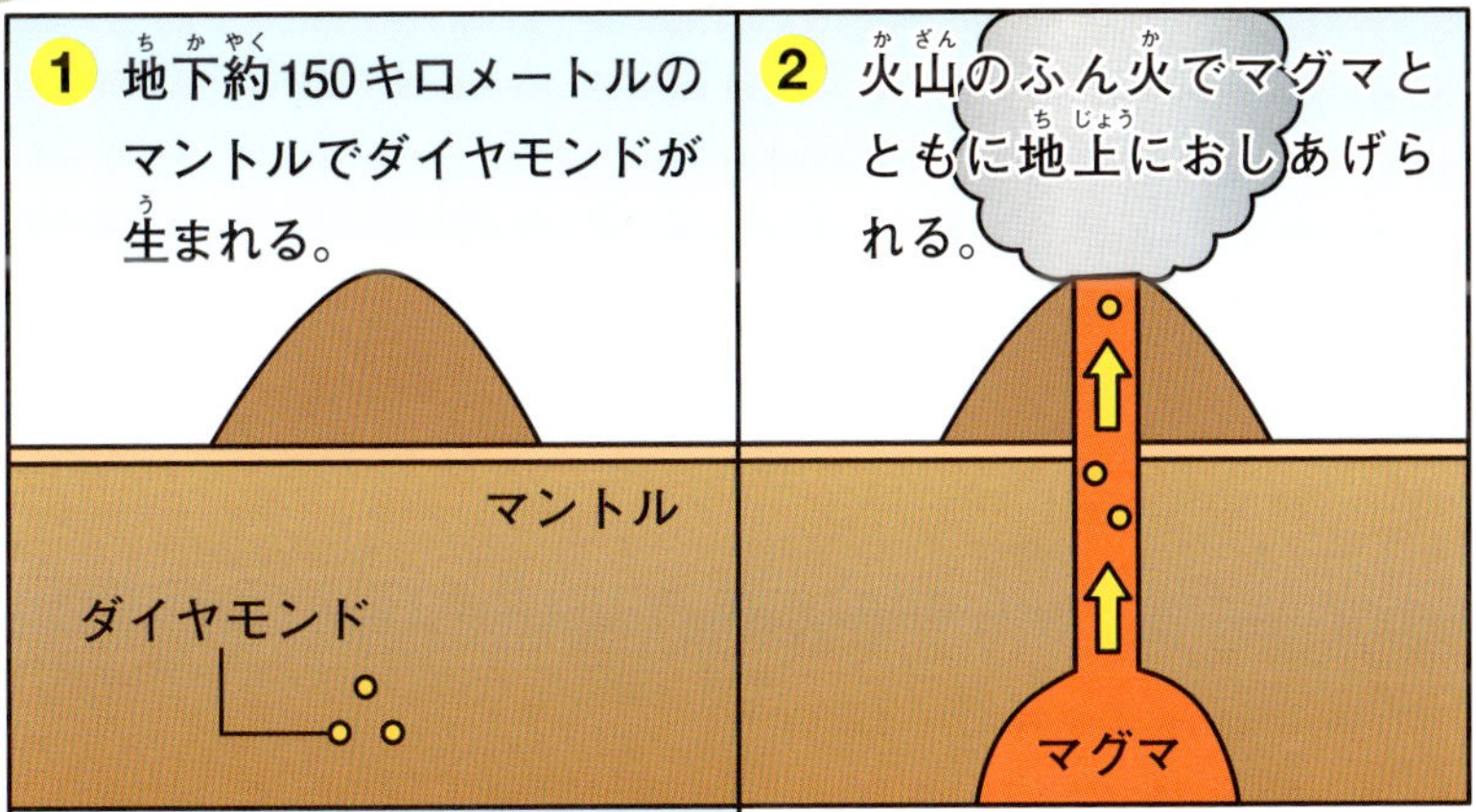

1 地下約《ちかやく》150キロメートルのマントルでダイヤモンドが生《う》まれる。
マントル
ダイヤモンド
2 火山《かざん》のふん火《か》でマグマとともに地上《ちじょう》におしあげられる。
マグマ

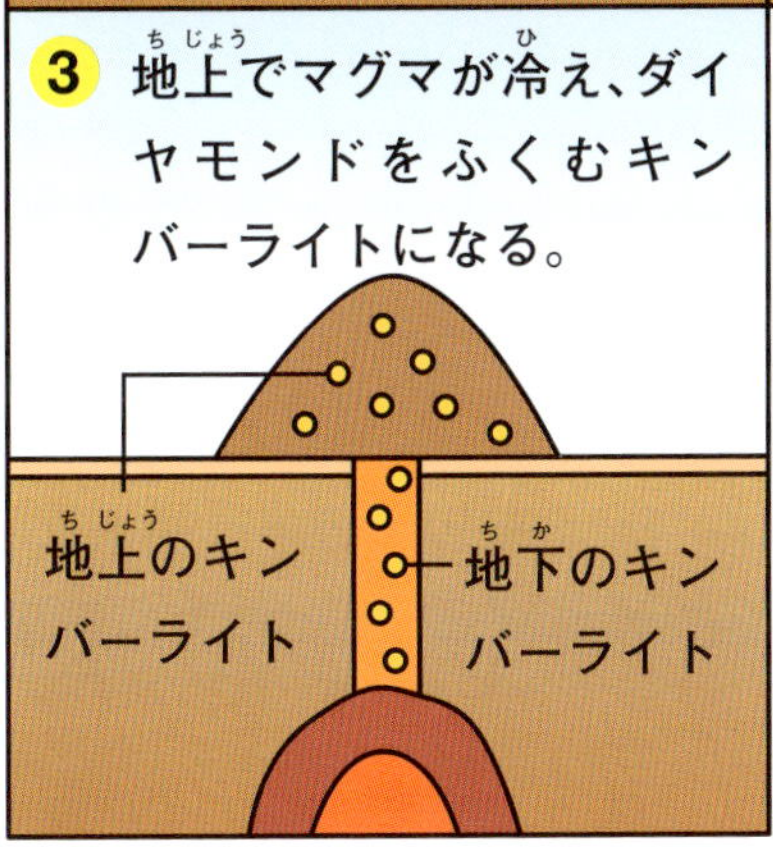

3 地上《ちじょう》でマグマが冷《ひ》え、ダイヤモンドをふくむキンバーライトになる。
地上《ちじょう》のキンバーライト
地下《ちか》のキンバーライト

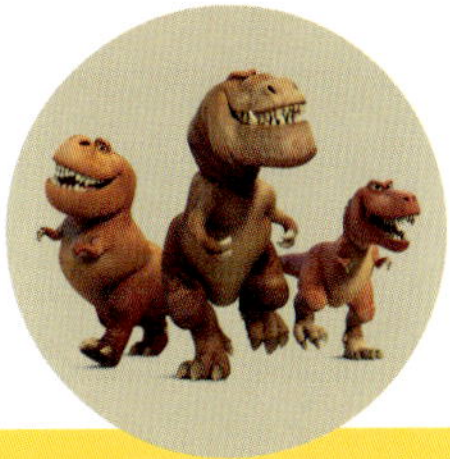

ダイヤモンドは、火山《かざん》のふん火《か》で地上《ちじょう》に出《で》てくるんだね。

知《し》っているかな？

ダイヤモンドとえんぴつのしんは、炭《たん》その結《むす》びつき方《かた》がことなります。ダイヤモンドの場合《ばあい》は立体的《りったいてき》で、えんぴつの場合《ばあい》は平《へい》たんです。

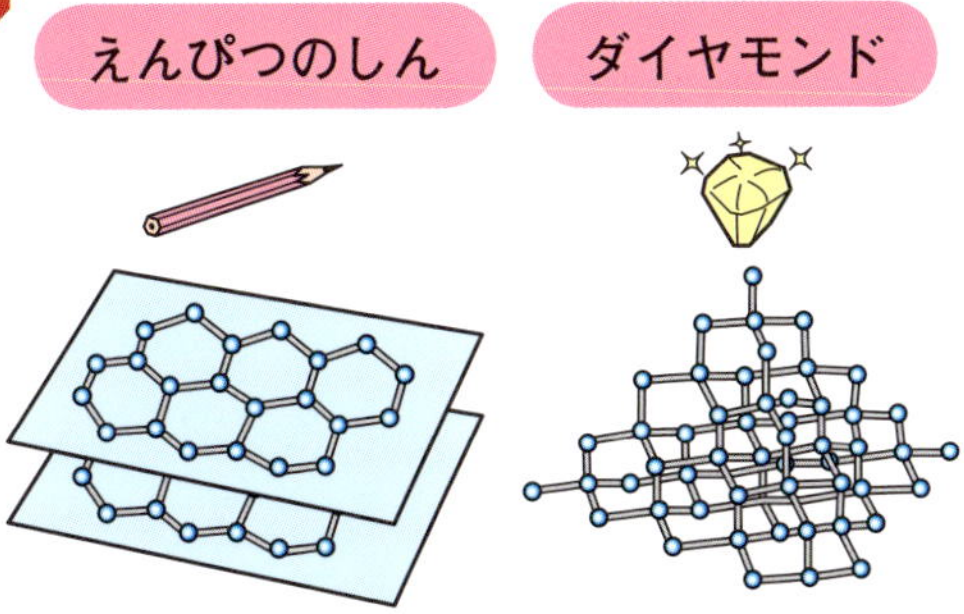

えんぴつのしん
ダイヤモンド

化石《かせき》って何《なに》?

生物《せいぶつ》と自然《しぜん》の"昔《むかし》"を教《おし》えてくれる石《いし》だよ。

化石《かせき》は、大昔《おおむかし》の生物《せいぶつ》や自然《しぜん》のことを教《おし》えてくれる石《いし》です。生物《せいぶつ》のほねや歯《は》など、体《からだ》の一部《いちぶ》からできた化石《かせき》を「い体化石《たいかせき》」といい、これによって昔《むかし》の生物《せいぶつ》のすがたがわかります。足《あし》あとやふんなど、生物《せいぶつ》が生《い》きていたしるしからできた化石《かせき》は「生《せい》こん化《か》石《せき》」といい、これらは当時《とうじ》の生活《せいかつ》のようすを伝《つた》えてくれます。では、化石《かせき》はどのようにしてできたのでしょうか。

生物《せいぶつ》の場合《ばあい》、たいてい、死《し》ん

時代《じだい》を教《おし》えてくる しじゅん化石《かせき》

▼アンモナイト

▼きょうりゅうの歯《は》

▼三葉虫《さんようちゅう》

だ体《からだ》はくさってなくなりますが、ほねや歯《は》は残《のこ》ることがあります。それが地面《じめん》にうまり、長《なが》い年月《ねんげつ》の間《あいだ》に成分《せいぶん》は石《いし》に変《か》わります。やがて、まわりのすなといっしょに固《かた》まってたい積岩《せきがん》（⇩67ページ）になります。これが化石《かせき》です。化石《かせき》がうまった海底《かいてい》や地面《じめん》は、さらに長《なが》い時間《じかん》をかけ、地面《じめん》を乗《の》せて動《うご》くプレート（⇩46ページ）の運動《うんどう》により少《すこ》しずつもりあがり、ようやく化石《かせき》は地上《ちじょう》にあらわれるのです。

また、化石《かせき》は、生物《せいぶつ》が生《い》きていた当時《とうじ》のことを教《おし》えてくれる〝先生《せんせい》〟でもあります。時代《じだい》を教《おし》えてくれる化石《かせき》を「しじゅん化石《かせき》」、かんきょうを教《おし》えてくれる化石《かせき》を「しそう化石《かせき》」といいます。それぞれの化石《かせき》の写真《しゃしん》を下《した》に集《あつ》めてみました。

かんきょうを教《おし》えてくれる しそう化石《かせき》

▼けい化木《かぼく》

▼ホタテガイ

▼サンゴ

すべて©国立科学博物館

石炭《せきたん》や石油《せきゆ》も化石《かせき》ってホント？

石炭《せきたん》は植物《しょくぶつ》の化石《かせき》、石油《せきゆ》は生物《せいぶつ》からできたよ。

石炭《せきたん》のもとは植物《しょくぶつ》です。古《ふる》いものでは、なんと約《やく》3億《おく》6000万年《まんねん》も前《まえ》に生《は》えていた木《き》からできる場合《ばあい》もあります。植物《しょくぶつ》が化石《かせき》（⇩74ページ）になり、石炭《せきたん》に変《か》わるまでには、たくさんのだん階《かい》があります。

一方《いっぽう》の石油《せきゆ》は、魚《さかな》やプランクトンなどの死《し》がいからできます。また、どろどろした、えき体《たい》の石油《せきゆ》ができるとちゅうで出《で》てくるガスは、「天然《てんねん》ガス」といって、これもまた大切《たいせつ》なしげんです。

このように、化石《かせき》からできたエネルギーのもとを、「化石《かせき》ねん料《りょう》」といいます。どれもとても長《なが》い時間《じかん》をかけてできたもので、今《いま》ある分《ぶん》を使《つか》いきったらなくなってしまいます。自然《しぜん》が生《う》みだしたしげんですから、大切《たいせつ》にしたいですね。

石油《せきゆ》のでき方《かた》

1 生物《せいぶつ》の死《し》がいが海底《かいてい》に積《つ》もる。

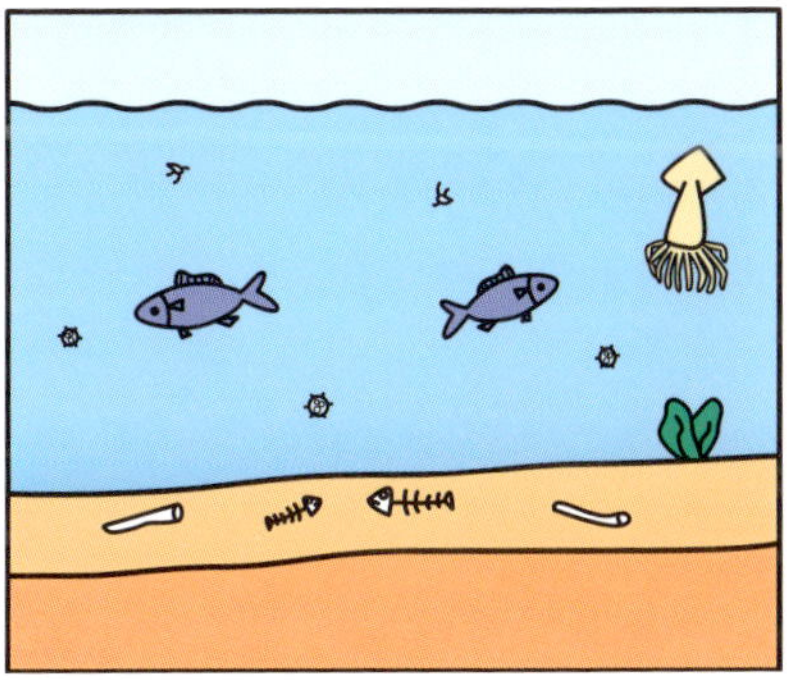

2 土《ど》しゃやどろが積《つ》みかさなる。

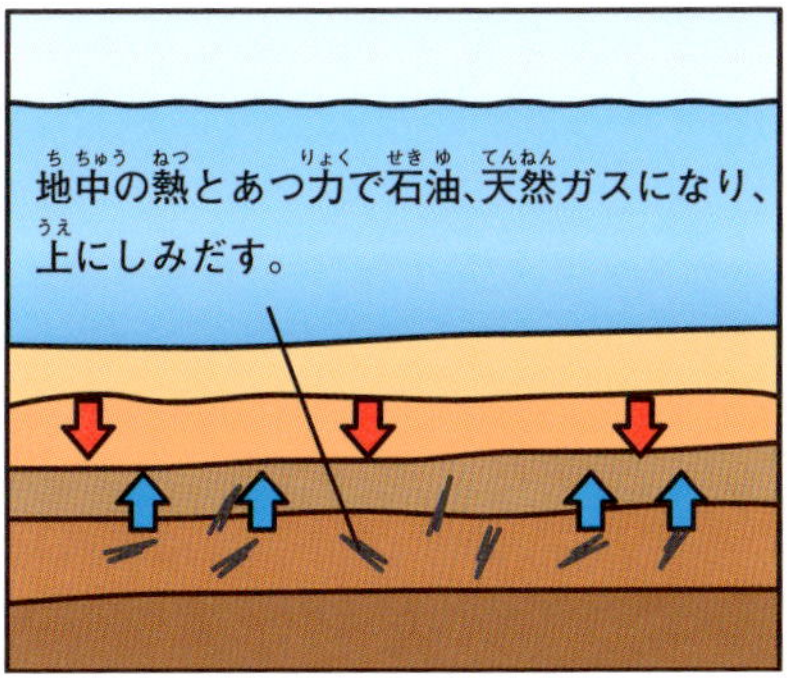
地中《ちちゅう》の熱《ねつ》とあつ力《りょく》で石油《せきゆ》、天然《てんねん》ガスになり、上《うえ》にしみだす。

3 天然《てんねん》ガス、石油《せきゆ》の順《じゅん》にそうができる。

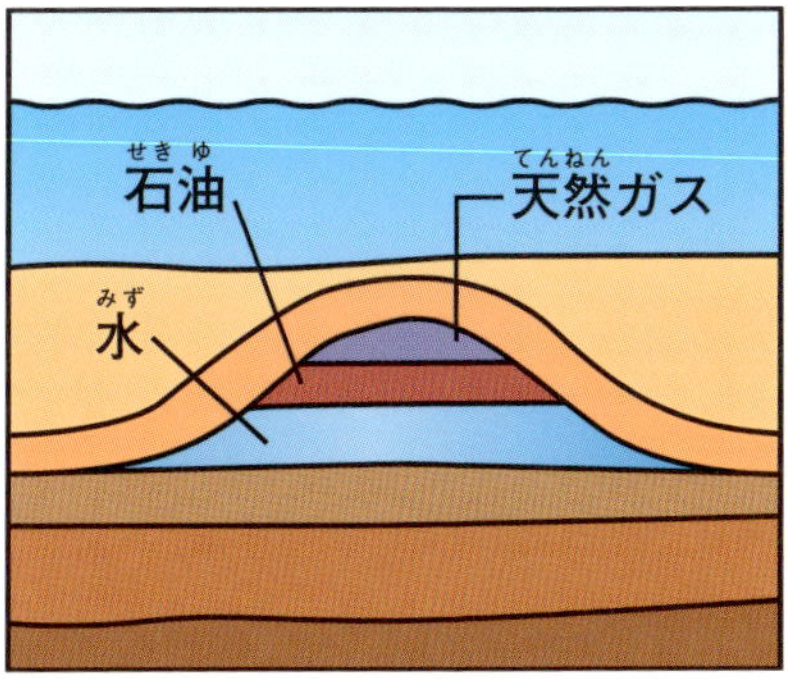
石油《せきゆ》
天然《てんねん》ガス
水《みず》

石炭《せきたん》のでき方《かた》

1 植物《しょくぶつ》などがかれて積《つ》もる。

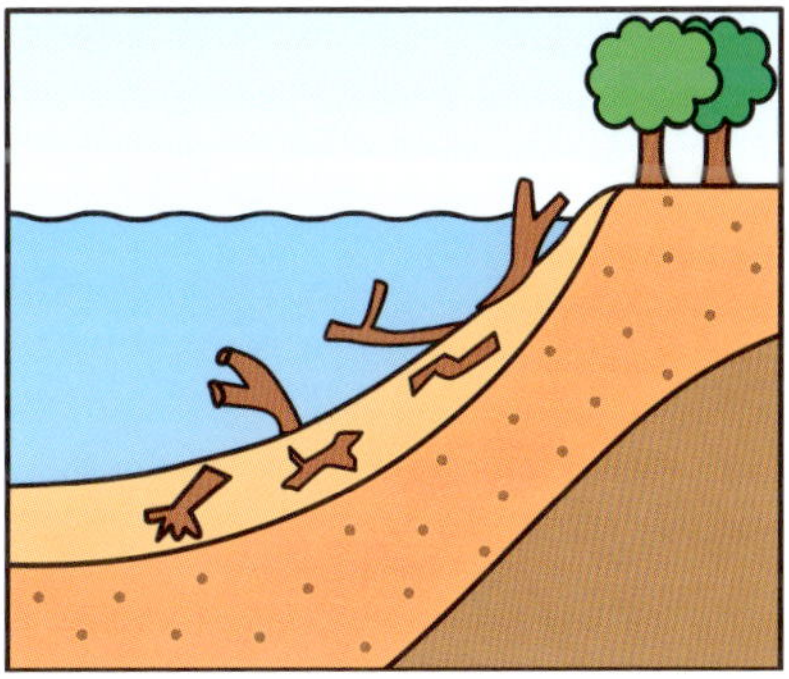

2 土《ど》しゃやどろが積《つ》みかさなる。

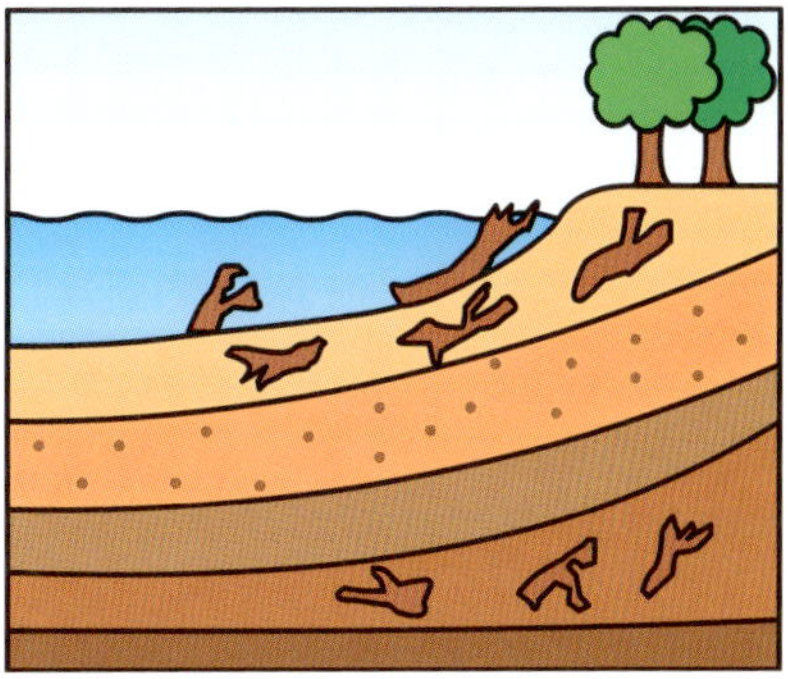

3 地中《ちちゅう》の熱《ねつ》とあつ力《りょく》で石炭《せきたん》になる。

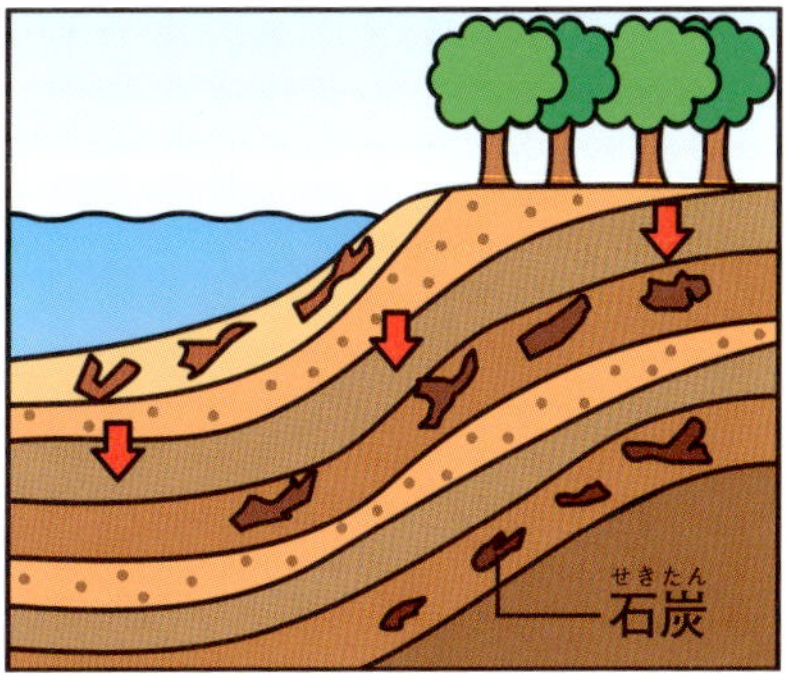
石炭《せきたん》

どうして地《じ》しんが起《お》こるの？

地球《ちきゅう》の内《うち》がわで、いろいろな変化《へんか》が起《お》きているからだよ。

地球《ちきゅう》の表面《ひょうめん》は、10数《すう》まいのプレート（⇩46ページ）でおおわれています。それぞれがいろいろな方向《ほうこう》に動《うご》いているため、さかい目《め》では、プレートどうしがぶつかりあったり、おしあったりします。おされるプレートはしばらくがまんをしますが、あるとき、たえられなくなると、ためていた力《ちから》を出《だ》しきって元《もと》にもどろうとはねあがります。このときのゆれが地面《じめん》に伝《つた》わったものが地《じ》しんです。とくに海《かい》こうで起《お》こるものを「海《かい》こう型《がた》地《じ》しん」といいます。

大《おお》きな地《じ》しんが起《お》こると、大陸《たいりく》プレートの弱《よわ》いところでは地面《じめん》がずれて、「だんそう」ができます。日本《にっぽん》にはたくさんのだんそうがありますが、これらがずれたり動《うご》いたりして、さらに地《じ》しんを起《お》こすことがあります。このような、だんそうによる地《じ》しんを「内《ない》陸《りく》型《がた》地《じ》しん」といいます。

地《じ》しんの原《げん》いんとしてもうひとつ大事《だいじ》なのが、火山《かざん》です。ふん火《か》が活発《かっぱつ》な火山《かざん》の近《ちか》くでは、地下《ちか》のマグマの動《うご》きにともなって、わたしたちが気《き》づかないほどの小《ちい》さなゆれから、大《おお》きなゆれまで、数《かず》多《おお》くの地《じ》しんが起《お》きることがあります。

海《かい》こう型《がた》地《じ》しん

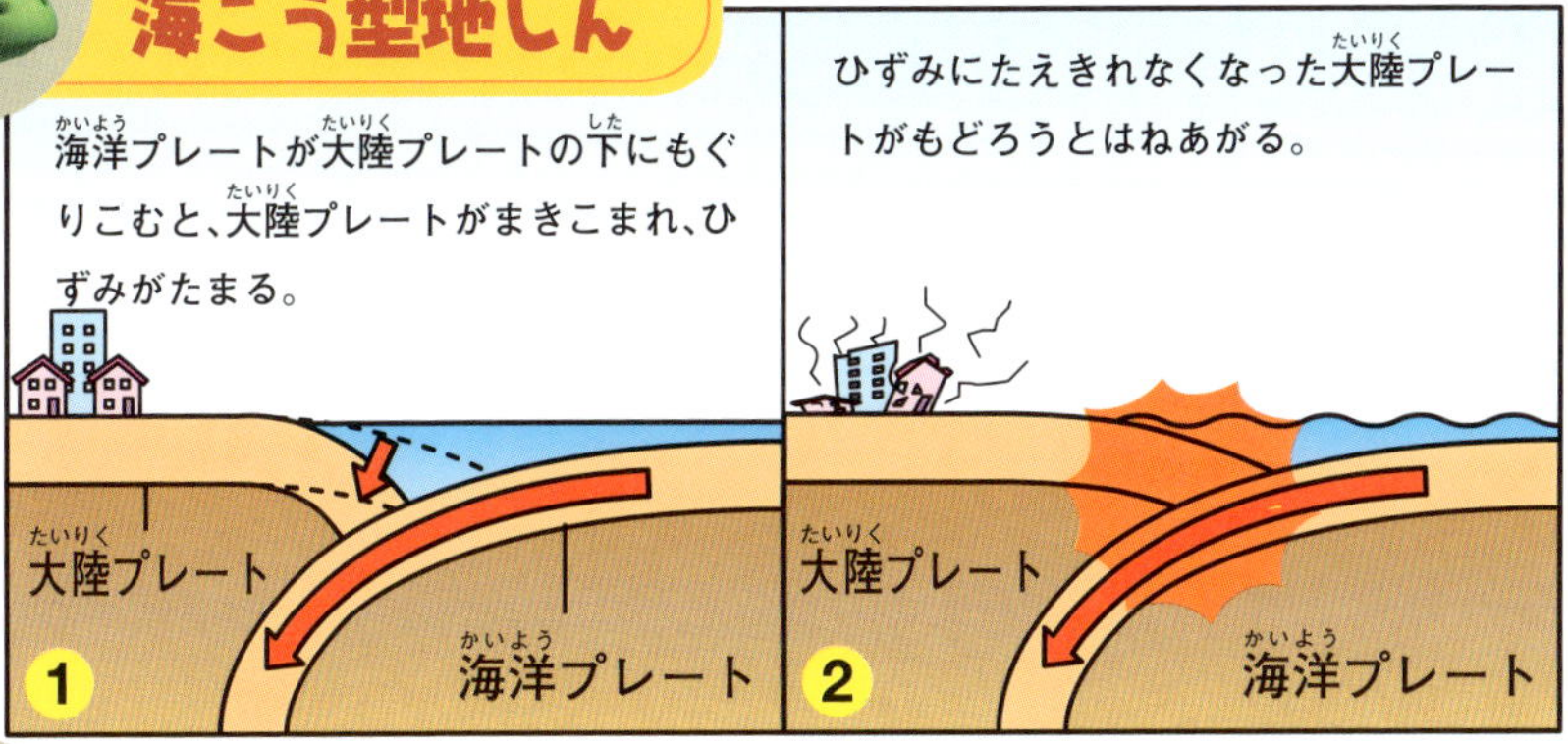

海洋《かいよう》プレートが大陸《たいりく》プレートの下《した》にもぐりこむと、大陸《たいりく》プレートがまきこまれ、ひずみがたまる。
大陸《たいりく》プレート
海洋《かいよう》プレート
1
ひずみにたえきれなくなった大陸《たいりく》プレートがもどろうとはねあがる。
大陸《たいりく》プレート
海洋《かいよう》プレート
2

内《な》陸《いりく》型《がた》地《じ》しん

大《おお》きく3つのタイプがあります。

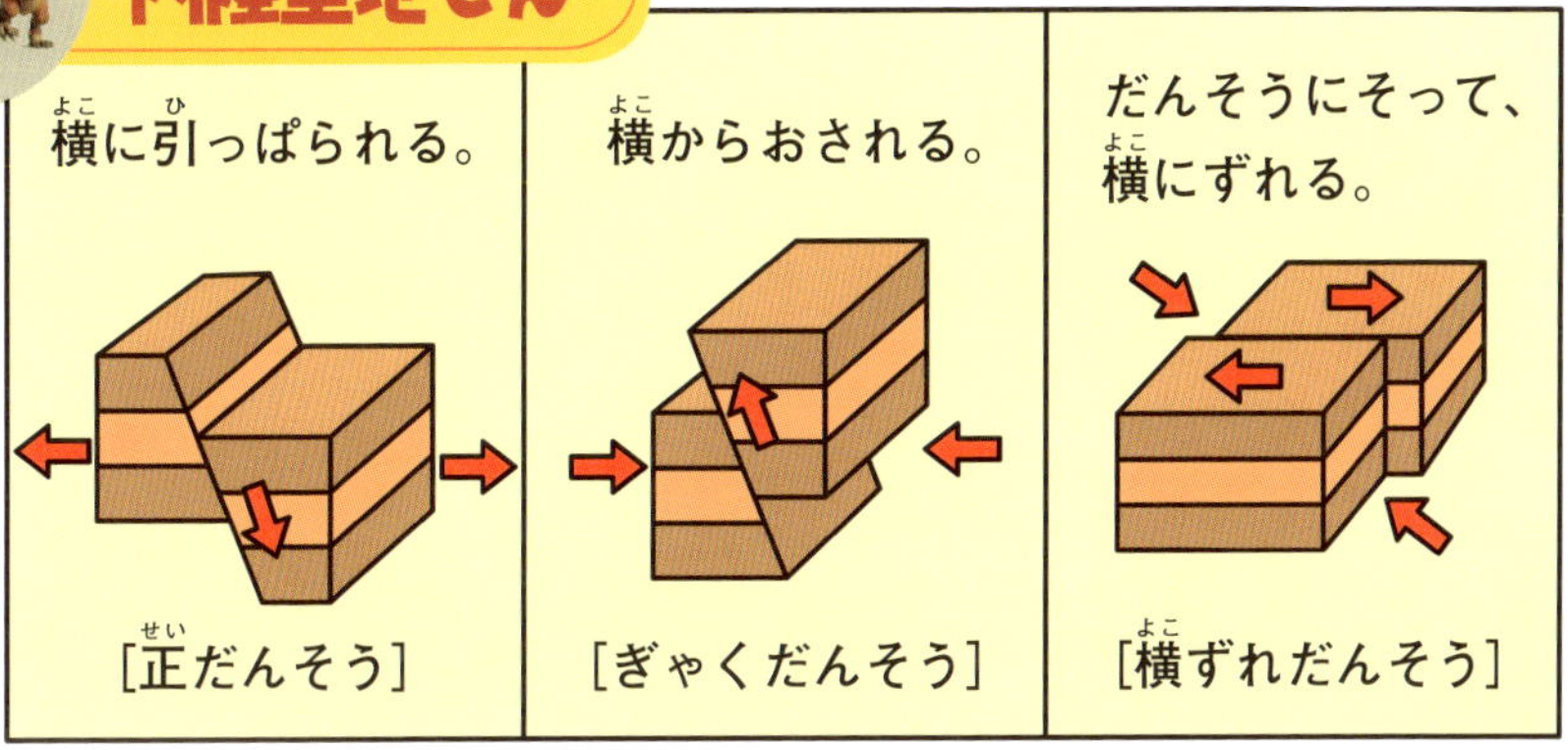

横《よこ》に引《ひ》っぱられる。
[正《せい》だんそう]
横《よこ》からおされる。
[ぎゃくだんそう]
だんそうにそって、横《よこ》にずれる。
[横《よこ》ずれだんそう]

地《じ》しんの多《おお》い国《くに》、少《すく》ない国《くに》があるのはなぜ？

プレートのさかい目《め》に近《ちか》い国《くに》ほど地《じ》しんが多《おお》いよ。

日本《にっぽん》は、世界《せかい》でいちばん地《じ》しんが多《おお》い国《くに》ということを知《し》っていますか。実《じつ》は、世界中《せかいじゅう》の地《じ》しんのうち、10分《ぶん》の1が日本《にっぽん》で起《お》きています。

左《ひだり》のページの地図《ちず》を見《み》てください。日本《にっぽん》のまわりには、「太平洋《たいへいよう》プレート、フィリピン海《かい》プレート、北《きた》アメリカプレート、ユーラシアプレート」の4つのプレート（⇩46ページ）があります。プレートとプレートのさかい目《め》では大《おお》きな地《じ》しんが起《お》きやすく、そのまわりには、たくさんのだんそうと火山《かざん》があります。

反対《はんたい》に、プレートのさかい目《め》から遠《とお》い国《くに》では、地《じ》しんは起《お》きにくいのですが、地球《ちきゅう》の内部《ないぶ》はつねに動《うご》いているため、「ぜったいに地《じ》しんが起《お》こらない」とはいいきれません。

世界《せかい》をおおっているプレート

地球《ちきゅう》の表面《ひょうめん》をおおっているプレートは、12のパーツに分《わ》かれています。

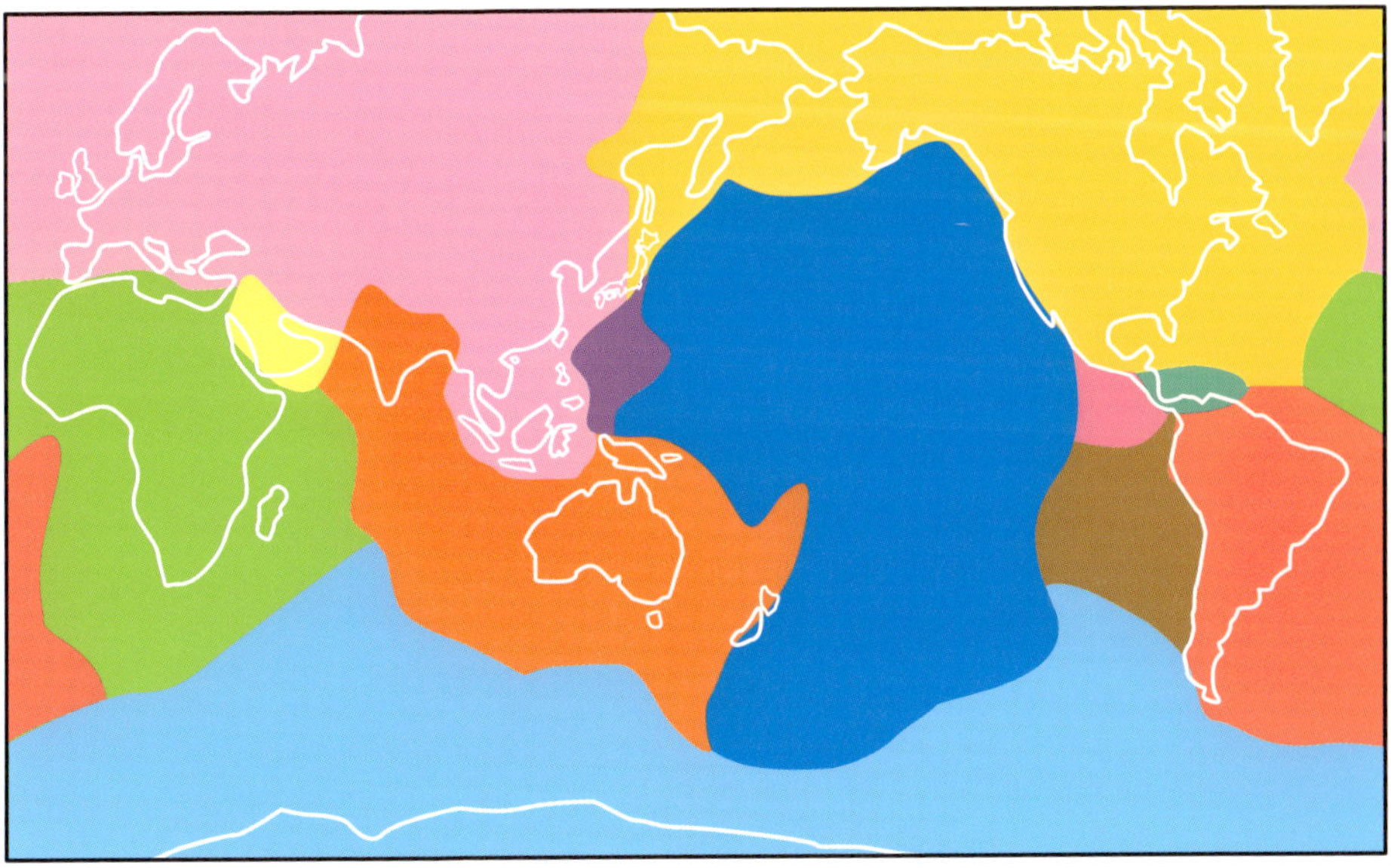

- ユーラシアプレート
- 北《きた》アメリカプレート
- 太平洋《たいへいよう》プレート
- アラビアプレート
- フィリピン海《かい》プレート
- カリブプレート
- ココスプレート
- アフリカプレート
- インド・オーストラリアプレート
- ナスカプレート
- 南《みなみ》アメリカプレート
- 南極《なんきょく》プレート

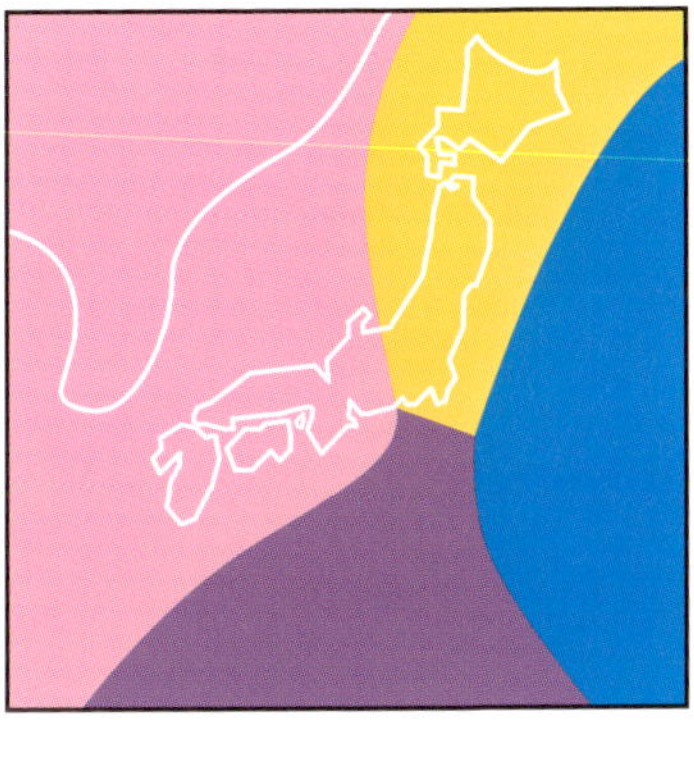

日本《にっぽん》は4つのプレートにおおわれているんだね。

ハワイが日本《にっぽん》に少《すこ》しずつ近《ちか》づいている？

1年間《ねんかん》に6〜8センチメートルのペースで近《ちか》づいているよ。

ハワイは、太平洋《たいへいよう》プレート（⇩81ページ）という、とても大《おお》きなプレートに乗《の》っています。太平洋《たいへいよう》プレートは、はじめは北《きた》のほうに向《む》かっていましたが、今《いま》から4000万年前《まんねんまえ》、日本《にっぽん》のほうに動《うご》く向《む》きを変《か》えたといわれています。1年間《ねんかん》に6〜8センチメートルのペースで近《ちか》づいています。

ハワイにはいくつもの島《しま》がありますが、すべてひとつのホットスポット（⇩51ページ）から生《う》まれました。ホットスポットの位置《いち》は、プレートほど大《おお》きく変《か》わることはありません。ホットスポットで作《つく》られた火山《かざん》は、プレートに乗《の》って長《なが》い時間《じかん》をかけてはなれていき、ホットスポットでは、また新《あたら》しい火山《かざん》が作《つく》られます。

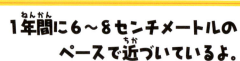

こうしてできたハワイの島々《しまじま》は、下《した》の図《ず》のように一列《いちれつ》にならんでいます。これを線《せん》でつなぐと、プレートの動《うご》く方向《ほうこう》がわかります。そしてこの線《せん》の先《さき》には、日本《にっぽん》があるのです。

ハワイの島《しま》は古《ふる》い順《じゅん》に一列《いちれつ》！

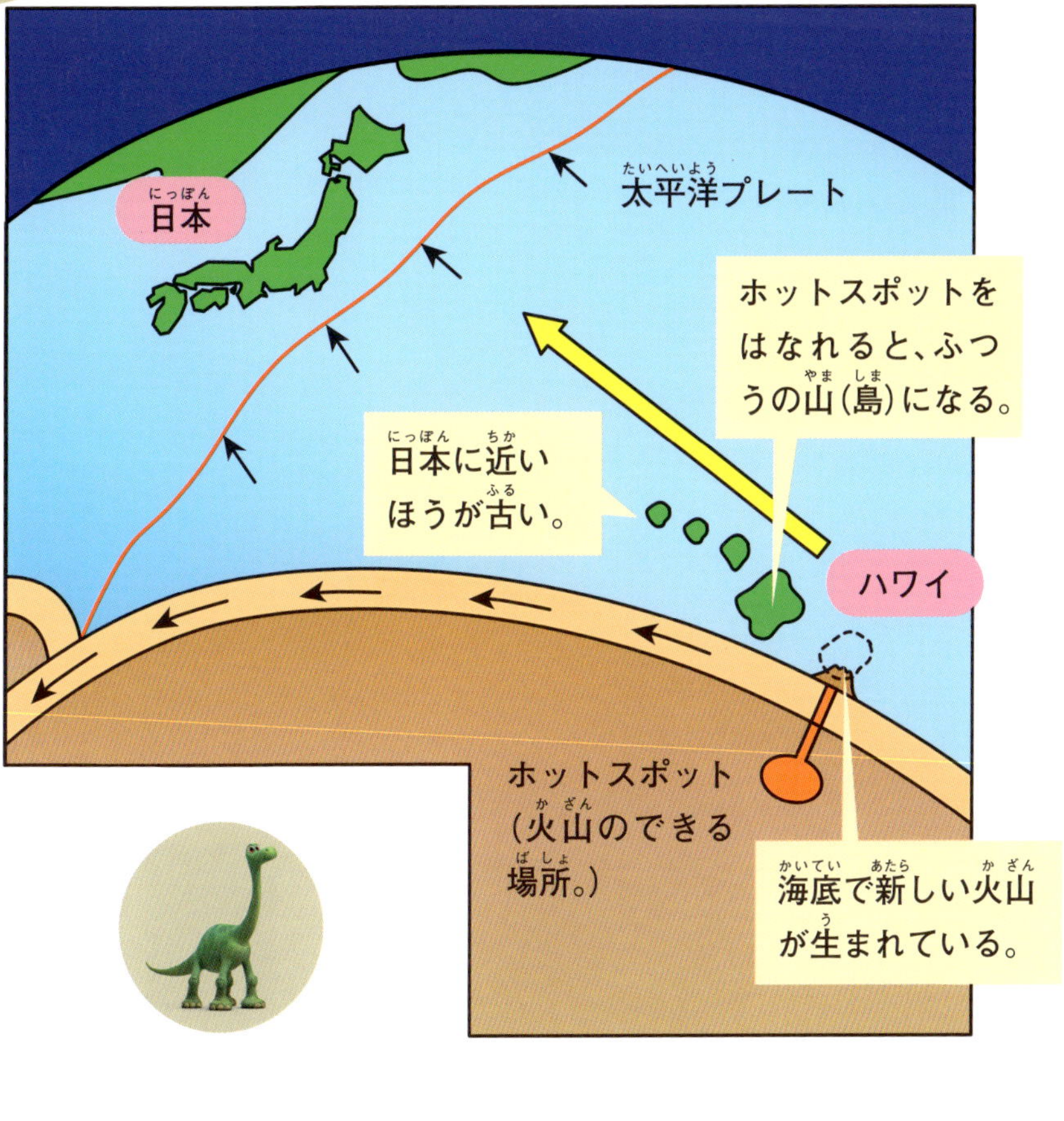

どういうところに、さばくができるの？

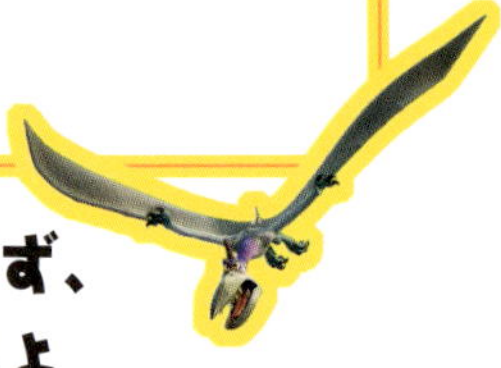

雨《あめ》があまりふらず、空気《くうき》がカラカラのところにできるよ。

さばくは、雨《あめ》の量《りょう》がひじょうに少《すく》なく、空気《くうき》がかんそうしている場所《ばしょ》です。生物《せいぶつ》はほとんどすんでいません。さばくといっても、そのすべてがすなだらけではありません。実《じつ》は、ほとんどは「岩石《がんせき》さばく」または「れきさばく」という、岩《いわ》や小石《こいし》でおおわれたところで、すなだらけの「すなさばく」は、ほんの一部《いちぶ》です。

さばくでは、昼《ひる》はとても高温《こうおん》になり、暑《あつ》さで岩石《がんせき》はわずかにふくらみます。夜《よる》は急《きゅう》に気温《きおん》が下《さ》がり、岩石《がんせき》はちぢみます。この変化《へんか》をくりかえしているうちに岩《がん》

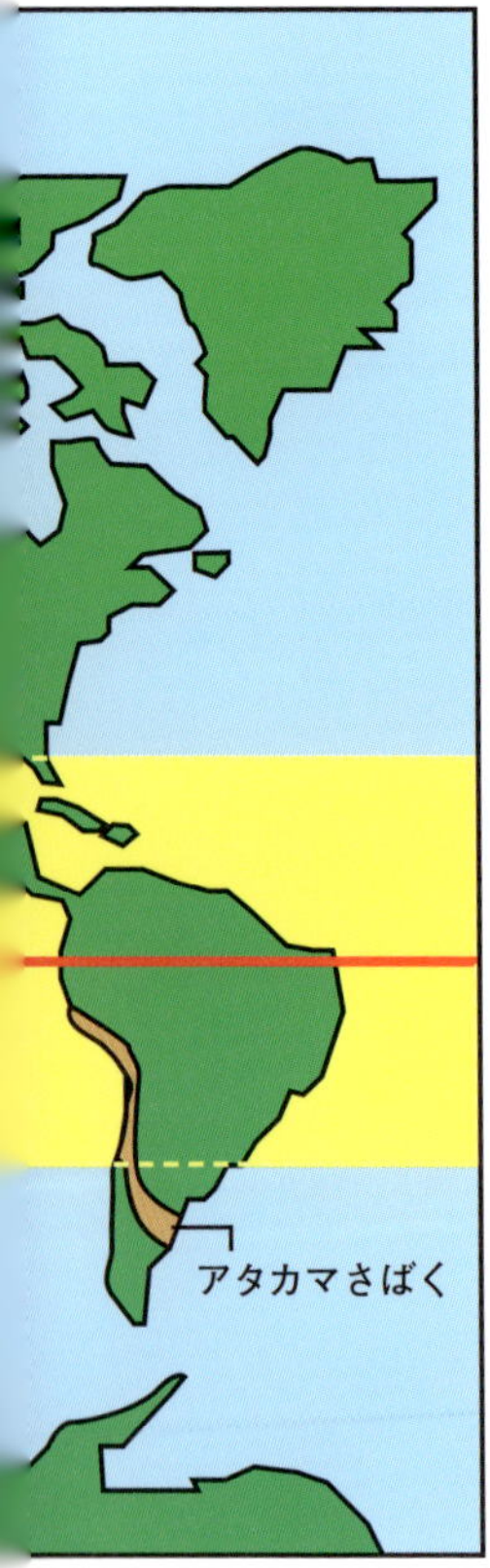

石《せき》はもろくなっていき、やがてくずれて、すなになります。すなさばくによくある「さきゅう」は、こうしてできたすなが風《かぜ》で運《はこ》ばれ、たまったものです。

世界《せかい》のおもなさばく

赤道《せきどう》ふきん（黄色《きいろ》のところ）に集中《しゅうちゅう》しています。

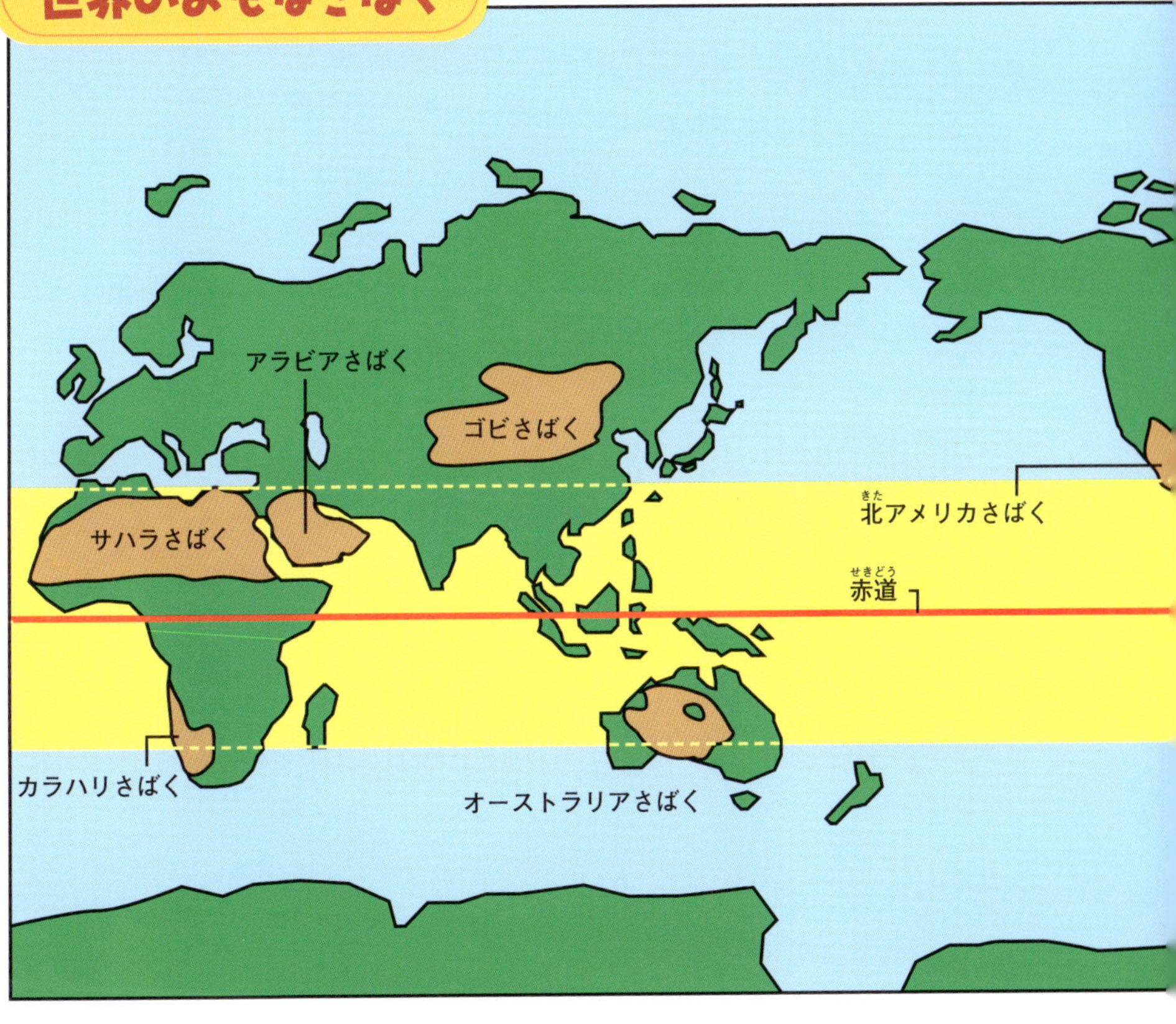
アラビアさばく
ゴビさばく
サハラさばく
北《きた》アメリカさばく
赤道《せきどう》
カラハリさばく
オーストラリアさばく

温《おん》せんはどうしてあたたかいの？

地球《ちきゅう》が出《だ》す熱《ねつ》にあたためられているからだよ。

日本《にっぽん》の温《おん》せんの多《おお》くは、火山《かざん》の地下《ちか》にあるマグマ（⇩50ページ）の熱《ねつ》によってあたためられたもので、火山《かざん》の近《ちか》くにあります。

ところが、火山《かざん》から遠《とお》くはなれた平野《へいや》や、最近《さいきん》では都会《とかい》の真《ま》ん中《なか》でも、温《おん》せんを見《み》たことがありませんか。この温《おん》せんは、地下深《ちかふか》くからほりだされています。地《ち》球《きゅう》の中心《ちゅうしん》はひじょうに高温《こうおん》のため、ほればほるほど温《おん》度《ど》は上《あ》がります。そのため、地下水《ちかすい》がじゅうぶんにある場所《ばしょ》では、あたためられた水《みず》をくみあげることができるのです。

また、和歌山県《わかやまけん》の南紀白浜温《なんきしらはまおん》せんのように、プレート（⇩46ページ）が原《げん》いんでできる温《おん》せ

地球《ちきゅう》の力《ちから》ってすごい！

んもあります。太平洋《たいへいよう》の南《みなみ》にあるフィリピン海《かい》プレートがユーラシアプレートの下《した》にもぐりこむときにかかる高《たか》いあつ力《りょく》と熱《ねつ》で、プレート上部《じょうぶ》にたまったたい積物《せきぶつ》の中《なか》の水分《すいぶん》がしぼりだされます。この水分《すいぶん》が地面《じめん》に上《あ》がってきて温《おん》せんとなるものもあります。

温《おん》せんは、町《まち》の中《なか》にもあるよ。

温《おん》せんができるしくみ

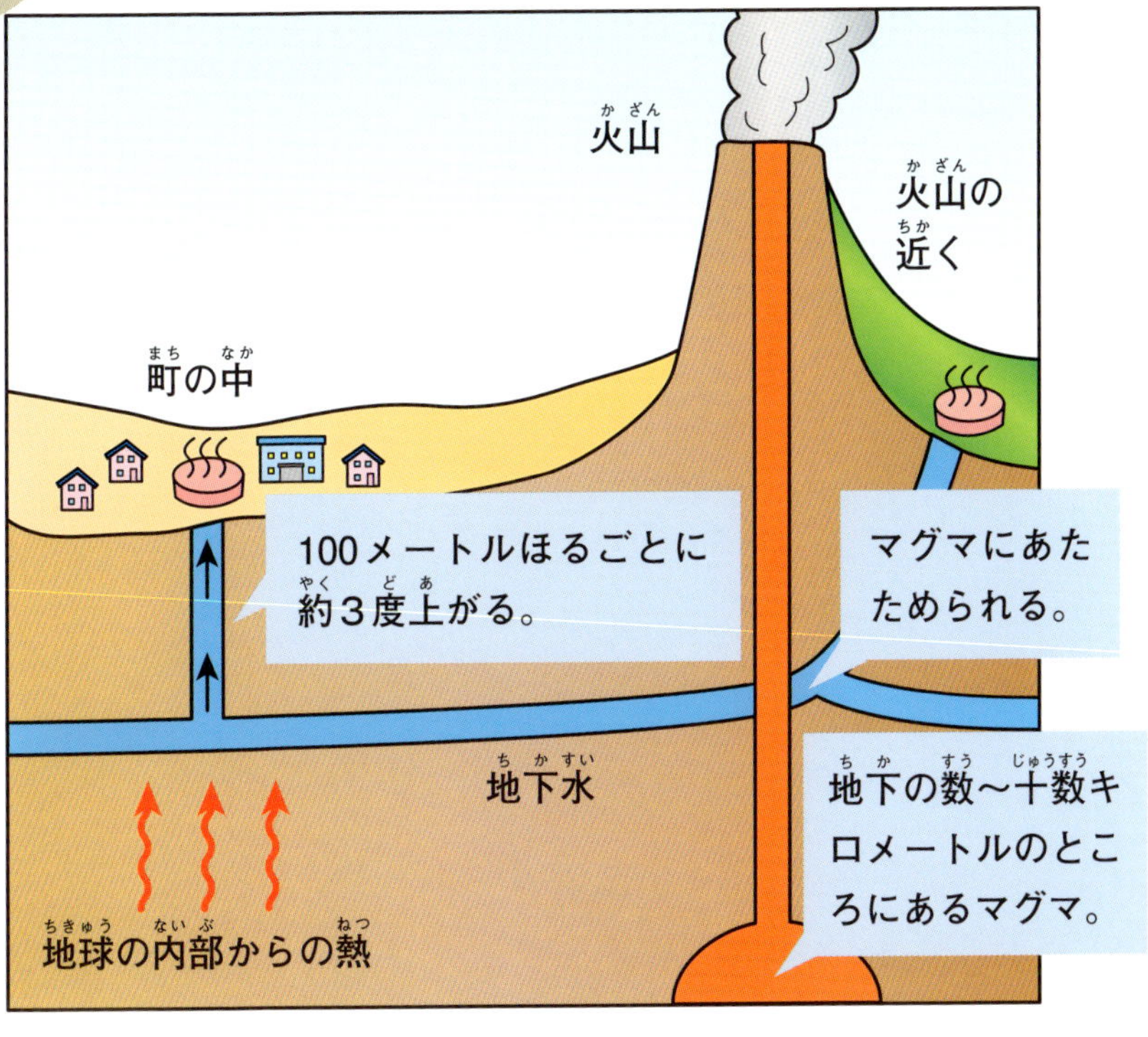

おさらいクイズ

地面《じめん》の下《した》ではいろいろなことが起《お》きているんだね。次《つぎ》のクイズがとけるかな!?（答《こた》えは90ページ）

Q1

地球《ちきゅう》の中心《ちゅうしん》の温度《おんど》は？

A 約《やく》1000度《ど》

B 約《やく》3000度《ど》

C 6000度《ど》以上《いじょう》

Q2

マグマからできた岩《いわ》を何《なん》という？

A 火成岩《かせいがん》

B たい積岩《せきがん》

C 変成岩《へんせいがん》

Q3

栄養《えいよう》たっぷりの土《つち》を何《なん》という？

A 土《ど》しゃ

B どろ

C 土《ど》じょう

Q4

自然《しぜん》の力《ちから》で岩《いわ》などの形《かたち》が変《か》わることを何《なん》という？

A 進化《しんか》

B 風化《ふうか》

C 塩化《えんか》

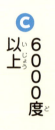

Q5

ダイヤモンドとえんぴつのしんは何《なに》からできている？

A 水《すい》そ

B 炭《たん》そ

C 鉄《てつ》

Q6

石油《せきゆ》ができるときに出《で》るガスは何《なに》？

A 天然《てんねん》ガス

B ヘリウム

C フロンガス

Q7

日本《にっぽん》は世界一《せかいいち》地《じ》しんの多《おお》い国《くに》。◯か×か。

◯

×

Q8

温《おん》せんの水《みず》は何《なに》によってあたためられる？

A マグマ

B 太陽《たいよう》の熱《ねつ》

C 石油《せきゆ》

答《こた》え

Q1

C

あつ力《りょく》もとても高《たか》い。

Q2

A

マグマにふくまれるこう物《ぶつ》でできている。

Q3

C

生物《せいぶつ》や植物《しょくぶつ》が作《つく》りだしたもの。

Q4

B

岩《いわ》が風化《ふうか》してすなになる。

Q5

B

原料《げんりょう》は同《おな》じでも、結《むす》びつき方《かた》がちがう。

Q6

A

大切《たいせつ》なしげんのひとつ。

Q7

○

世界《せかい》の地《じ》しんの10分《ぶん》の1が日本《にっぽん》で起《お》きている。

Q8

A

温《おん》せんは火山《かざん》の近《ちか》くでわくことが多《おお》いよ。

4

水《みず》のふしぎ

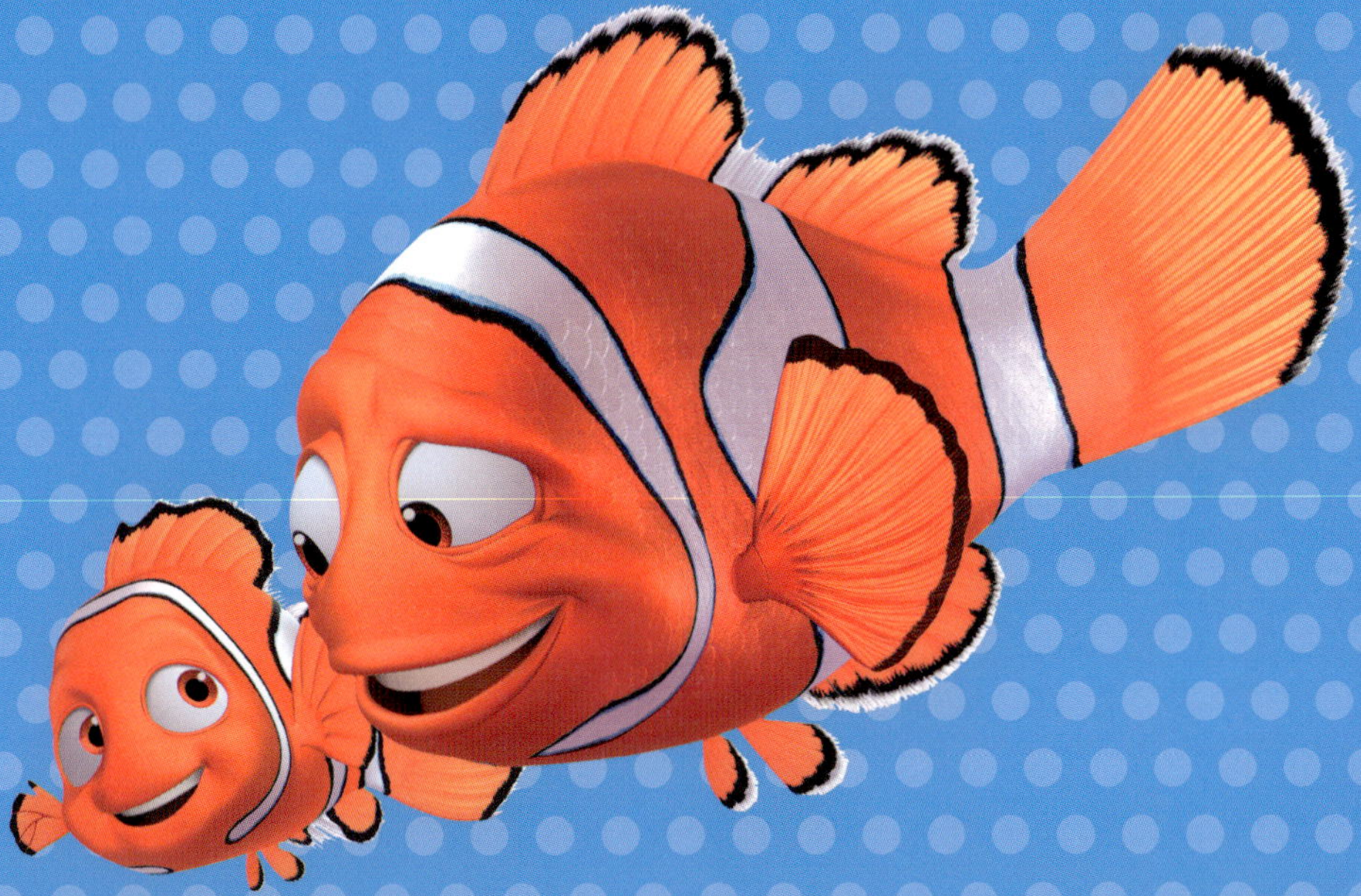

わたしたちのくらしに欠《か》かすことのできない地球《ちきゅう》のめぐみ。

【水《みず》】

水《みず》は地球《ちきゅう》の大切《たいせつ》なしげんです。わたしたちにとって、海《うみ》や川《かわ》、湖《みずうみ》には、いつでも水《みず》があるのが当《あ》たり前《まえ》のようですが、いったい、この水《みず》はどこからやってくるのか、考《かんが》えたことがありますか。また、海《うみ》に注《そそ》ぎこまれた水《みず》は、それからどうなるのでしょう。

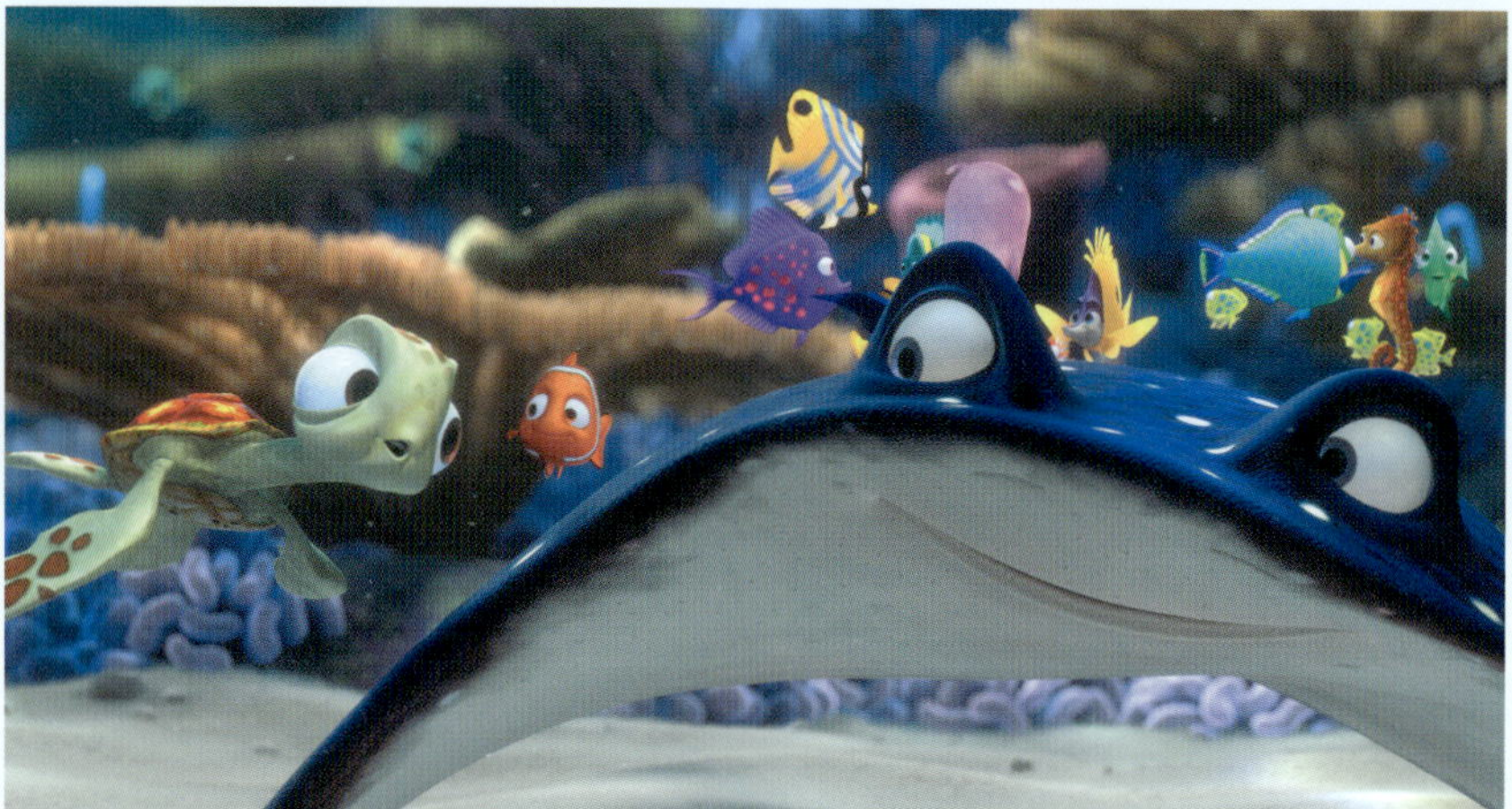

ニモたちの学校《がっこう》は海《うみ》の中《なか》。

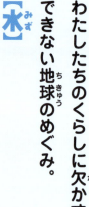

地球《ちきゅう》の表面《ひょうめん》の約《やく》70パーセントは海《うみ》といわれますが、これほどたくさんの水《みず》がある天体《てんたい》はほかにありません。海《うみ》は地球《ちきゅう》の大《おお》きな特《とく》ちょうなのです。

ところで、みなさんは海《うみ》の波《なみ》や海《うみ》の色《いろ》を見《み》て、ふしぎに思《おも》ったことはありませんか。海《うみ》にはふしぎがいっぱいあります。そんな海《うみ》のすがたにせまり、地球《ちきゅう》の水《みず》についてもっとよく知《し》りましょう。

ドリーとマーリンは海《うみ》を泳《およ》いでニモを探《さが》したんだ。

波《なみ》はどこから来《く》るの？

風《かぜ》にふかれて、波《なみ》ができるんだよ。

熱《あつ》いスープを冷《さ》ますとき、息《いき》をふきかけてできる水《すい》面《めん》のでこぼこ。これは、海《うみ》に波《なみ》ができるしくみと同《おな》じです。息《いき》が風《かぜ》で、それによってできるでこぼこが波《なみ》です。弱《よわ》くふくと（弱《よわ》い風《かぜ》だと）小《ちい》さい波《なみ》、強《つよ》くふくと（強《つよ》い風《かぜ》だと）大《おお》きい波《なみ》ができます。海《うみ》の上《うえ》ではたえず風《かぜ》がふいているので、岸《きし》に風《かぜ》がふいていなくても、打《う》ちよせる波《なみ》がなくなることはありません。この、風《かぜ》でできる波《なみ》のことを「波《は》ろう」といいます。

波《なみ》には、波《は》ろうのほかにも、地《じ》しんや海底《かいてい》が動《うご》いてできる「つ波《なみ》」（⇩96ページ）があります。波《は》ろうは海面《かいめん》だけが一定《いってい》のリズムで動《うご》きますが、

波《なみ》には、波《は》ろうとつ波《なみ》があるよ。

つ波《なみ》は海底《かいてい》から海面《かいめん》までの海水《かいすい》がかたまりとなっておしよせるのが特《とく》ちょうです。

つ波《なみ》はきけんなので見《み》に行《い》くことはできませんが、波《は》ろうは海《うみ》だけでなく湖《みずうみ》や池《いけ》でも見《み》られます。水面《すいめん》がゆれてキラキラしているのは、風《かぜ》が波《なみ》を作《つく》っているからなのです。

知《し》っているかな？

波《なみ》は、岸《きし》に近《ちか》く浅《あさ》いところでは高《たか》くなります。

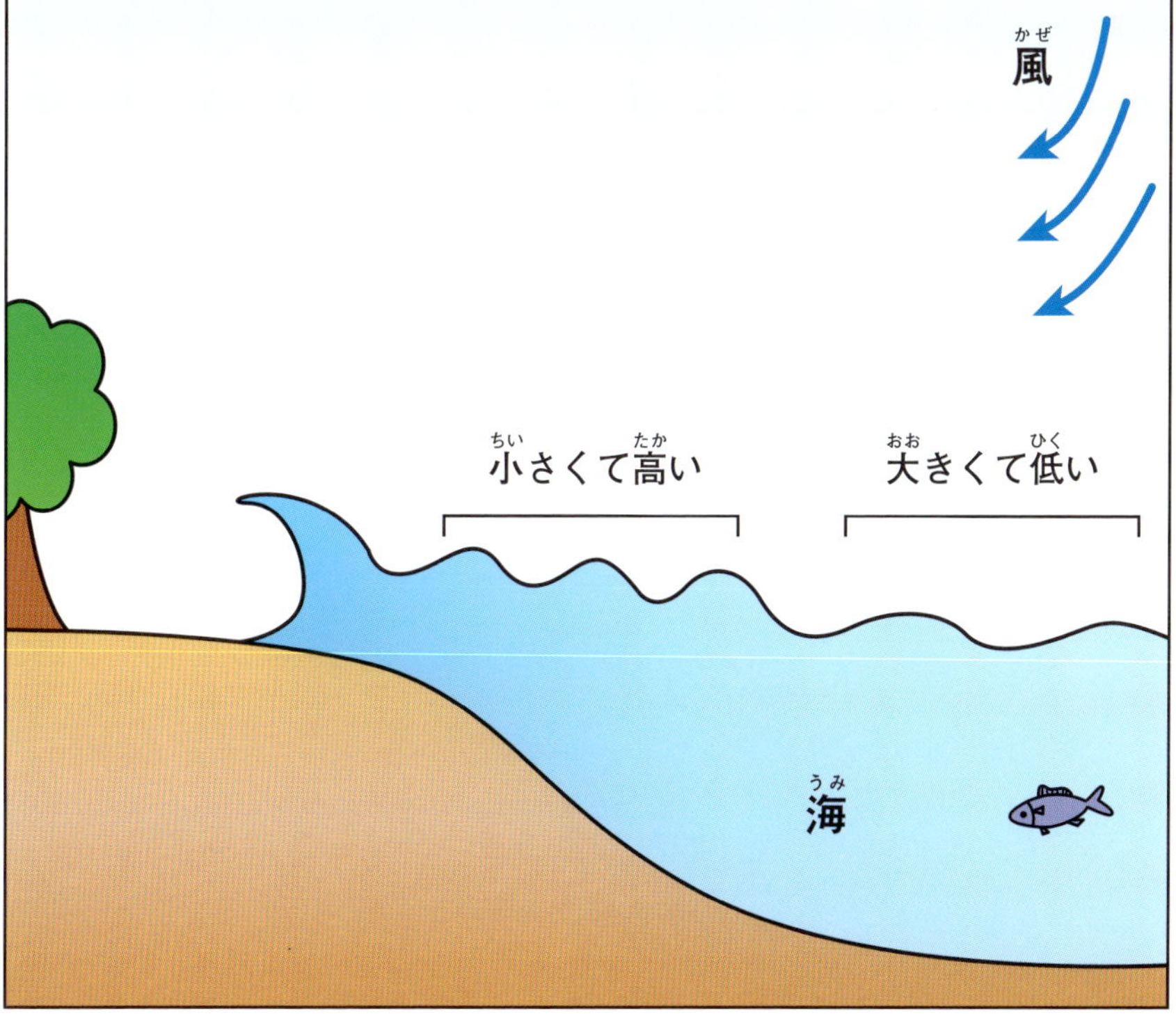

どうしてつ波《なみ》が起《お》こるの？

地《じ》しんで海底《かいてい》が動《うご》くと、海水《かいすい》も動《うご》くから。

地《じ》しんで、海底《かいてい》がもりあがったり、しずみこんだりすると、海水《かいすい》も上下《じょうげ》に動《うご》かされ、大《おお》きな波《なみ》のかたまりとなって岸《きし》におしよせます。これを「つ波《なみ》」といいます。また、海底《かいてい》にある火山《かざん》がふん火《か》し、海底《かいてい》の形《かたち》が変《か》わることで、地《じ》しんが起《お》きていないのに、つ波《なみ》が発生《はっせい》することもあります。

つ波《なみ》は、海《うみ》が深《ふか》いほど速《はや》く伝《つた》わり、浅《あさ》いほどおそくなるせいしつがあります。こう聞《き》くと「海岸《かいがん》のつ波《なみ》は

つ波《なみ》の伝《つた》わり方《かた》

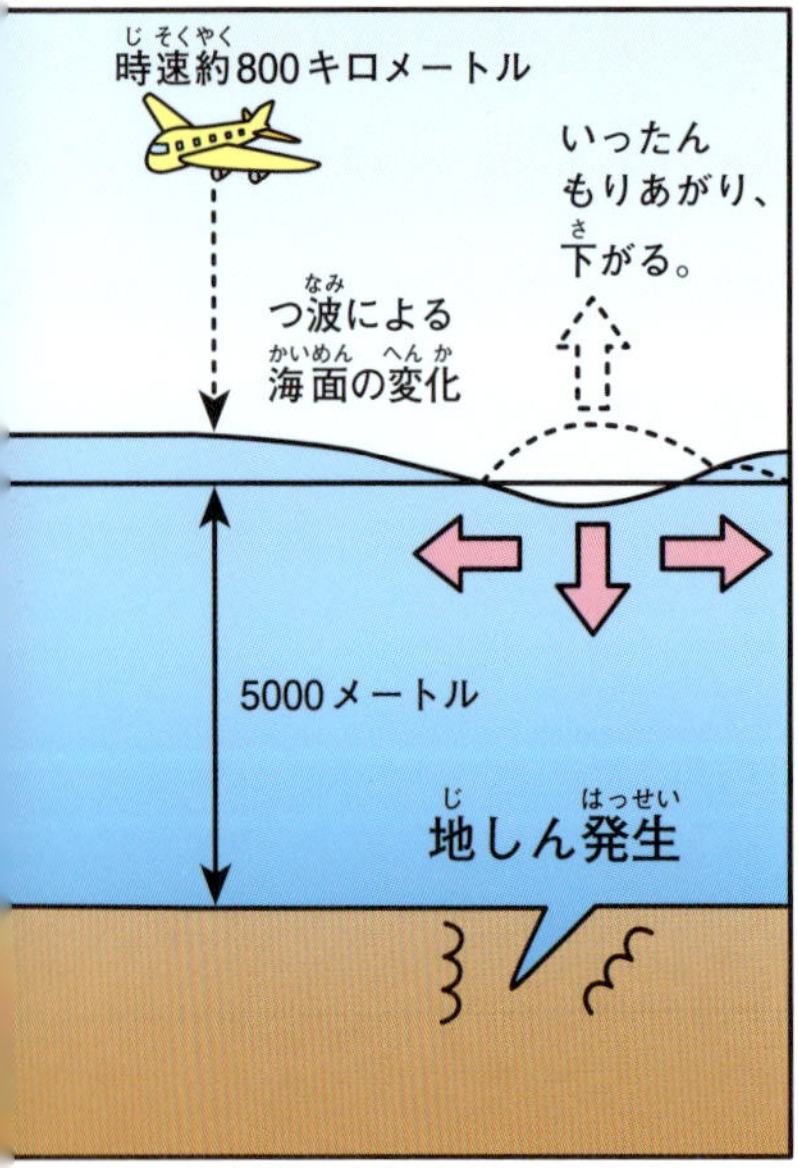
時速約《じそくやく》800キロメートル
いったん
もりあがり、
下《さ》がる。
つ波《なみ》による
海面《かいめん》の変化《へんか》
5000メートル
地《じ》しん発生《はっせい》

おそいからこわくない」なんて、かんちがいをしてしまいそうです。ところが、おきではジェット機《き》なみ、陸《りく》に近《ちか》づき海《うみ》が浅《あさ》くなっても新《しん》かん線《せん》なみ、そして海岸《かいがん》近《ちか》くでは、オリンピックの短《たん》きょり選手《せんしゅ》でもにげきれない速《はや》さでおしよせるのです。

つ波《なみ》は、速《はや》いだけではありません。つ波《なみ》が陸地《りくち》に近《ちか》づくにつれ、あとから来《く》る波《なみ》が前《まえ》のつ波《なみ》に追《お》いつき、波《なみ》が高《たか》くなります。

つ波《なみ》けいほうが出《で》たら、つ波《なみ》が見《み》えなくてもすぐにひなんしましょう。

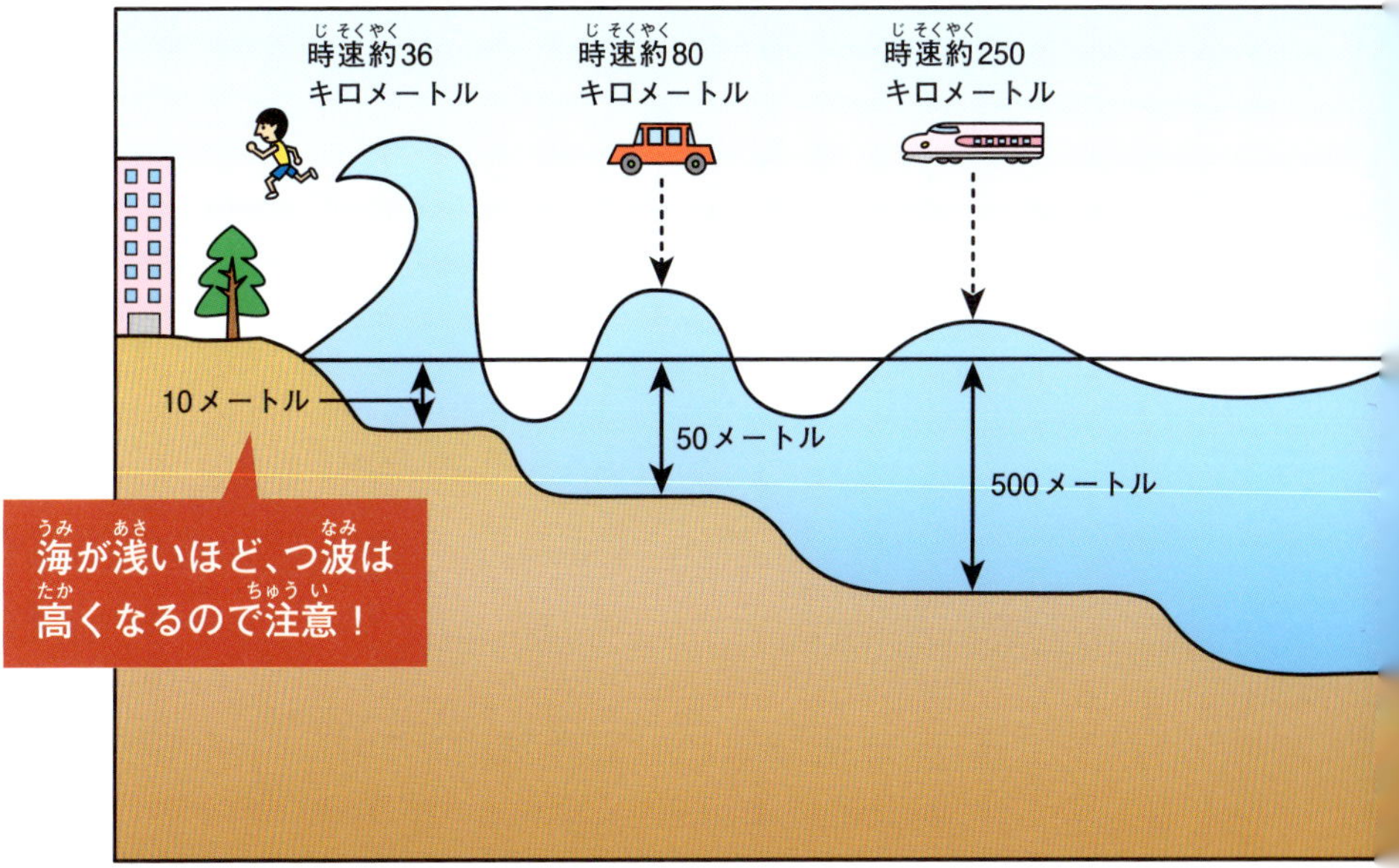

海《うみ》の色《いろ》が青《あお》いのはどうして？

海《うみ》の“青《あお》”は、太陽《たいよう》の光《ひかり》の“青《あお》”だよ。

「太陽《たいよう》は白《しろ》くかがやいている」と思《おも》っていませんか。実《じつ》は、太陽《たいよう》の光《ひかり》の色《いろ》は白《しろ》ではなく、7色《しょく》（⇩36ページ）が集《あつ》まってできた色《いろ》です。

7色《しょく》の光《ひかり》はそれぞれ進《すす》み方《かた》がちがっていて、青色《あおいろ》の光《ひかり》は海《うみ》に入《はい》りこむことができるのですが、ほかの色《いろ》の光《ひかり》は海《うみ》の水《みず》にきゅうしゅうされてしまいます。海《うみ》に入《はい》りこんだ青色《あおいろ》の光《ひかり》は、水《みず》の中《なか》でいろいろな方向《ほうこう》に散《ち》らばるので、海《うみ》は青《あお》く見《み》えるのです。水《みず》が深《ふか》くなると、より青色《あおいろ》がこく見《み》えます。

海《うみ》のように水《みず》がたくさんあると青《あお》く見《み》えますが、手《て》ですくった水《みず》

太陽《たいよう》の光《ひかり》の色《いろ》が7色《しょく》なのは、にじを見《み》ればわかるね。

は無《む》色《しょく》とう明《めい》のまま。海《うみ》が青《あお》く見《み》えるしくみは、家《いえ》の中《なか》でも試《ため》すことができます。白《しろ》い浴《よく》そうにたっぷり水《みず》をためると、ほんのり水色《みずいろ》に見《み》えます。

海《うみ》の青《あお》のヒミツがわかったよ。

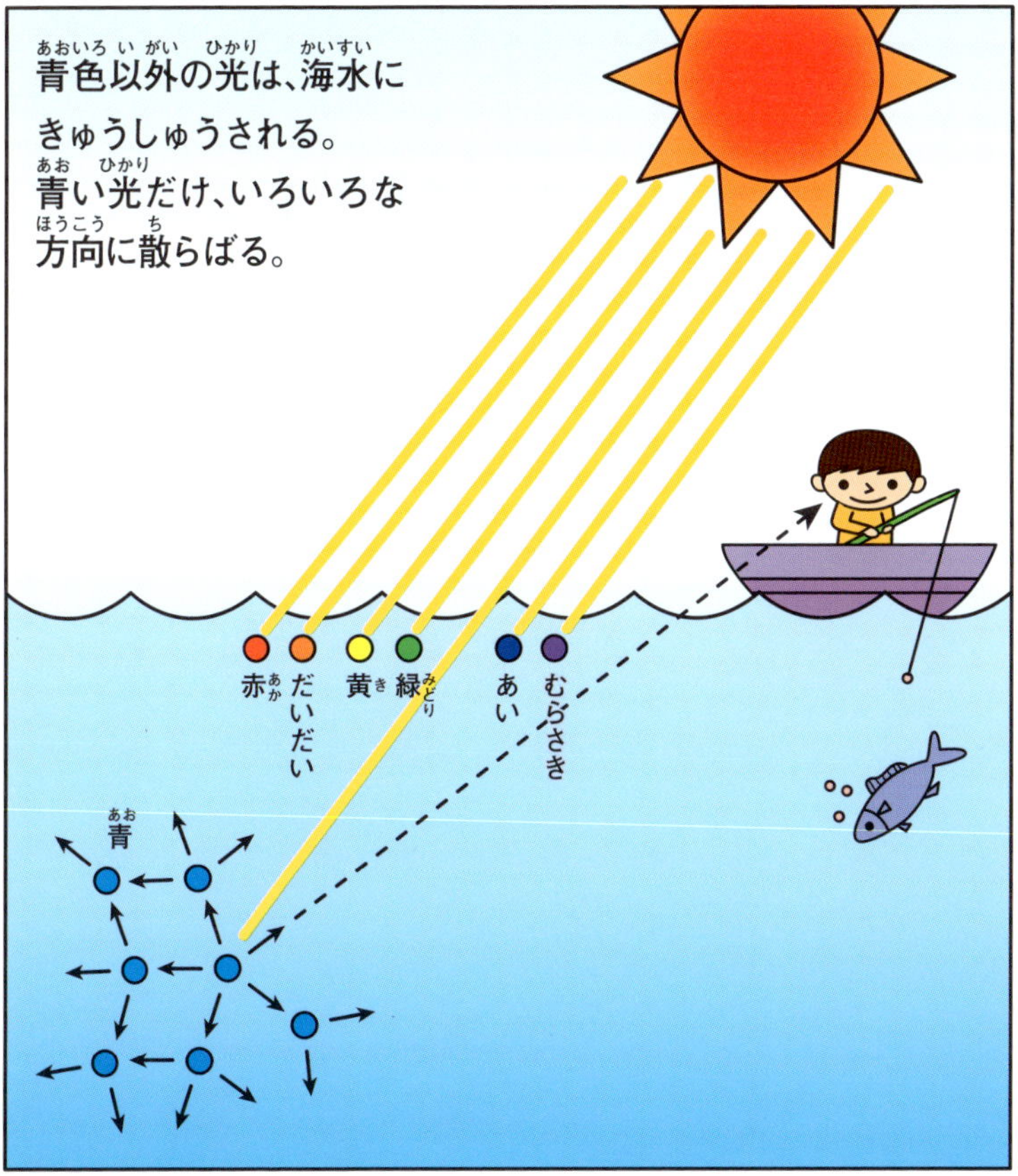
青色《あおいろ》以外《いがい》の光《ひかり》は、海水《かいすい》にきゅうしゅうされる。
青《あお》い光《ひかり》だけ、いろいろな方向《ほうこう》に散《ち》らばる。
赤《あか》
だいだい
黄《き》
緑《みどり》
あい
むらさき
青《あお》

海《うみ》の底《そこ》はどれくらい深《ふか》いの？

**いちばん深《ふか》いところは
1万《まん》メートルをこえるよ。**

地《ち》球《きゅう》は表《ひょう》面《めん》の約《やく》70パーセントが海《うみ》です。テレビなどで見《み》るサンゴしょうや色《いろ》とりどりの魚《さかな》は、海《うみ》の中《なか》でも浅《あさ》い部《ぶ》分《ぶん》のものです。海《うみ》の深《ふか》さは平《へい》均《きん》で約《やく》３８００メートル。富《ふ》士《じ》山《さん》とほぼ同《おな》じです。実《じつ》は海《うみ》全《ぜん》体《たい》の約《やく》98パーセントが深《しん》海《かい》（太《たい》陽《よう》の光《ひかり》がとどかなくなる２００メートルより深《ふか》い海《うみ》）です。

海《うみ》の底《そこ》は、平《たい》らではなく、山《やま》も谷《たに》もあります。地《ち》球《きゅう》の表《ひょう》面《めん》をおおっているプレート（⇩46ページ）が地《ち》球《きゅう》内《ない》部《ぶ》へとしずみこむ深《ふか》い谷《たに》のことを「海《かい》こう」といい、世《せ》界《かい》でいちばん深《ふか》い「マリアナ海《かい》こう」は、なんと1

プエルトリコ海《かい》こう
中《ちゅう》米《べい》海《かい》こう
ペルー海《かい》こう
チリ海《かい》こう

万《まん》920メートル！ 世《せ》界一高《かいいちたか》い山《やま》、エベレストよりも深《ふか》いのです。

また、下《した》の世界地図《せかいちず》を見《み》ると、日本《にっぽん》の東側《ひがしがわ》に、いくつもの海《かい》こうが集中《しゅうちゅう》しているのがわかります。

ドリーとマーリンも海《かい》こうを泳《およ》いだよ。

世界《せかい》のおもな海洋《かいよう》と海《かい》こう

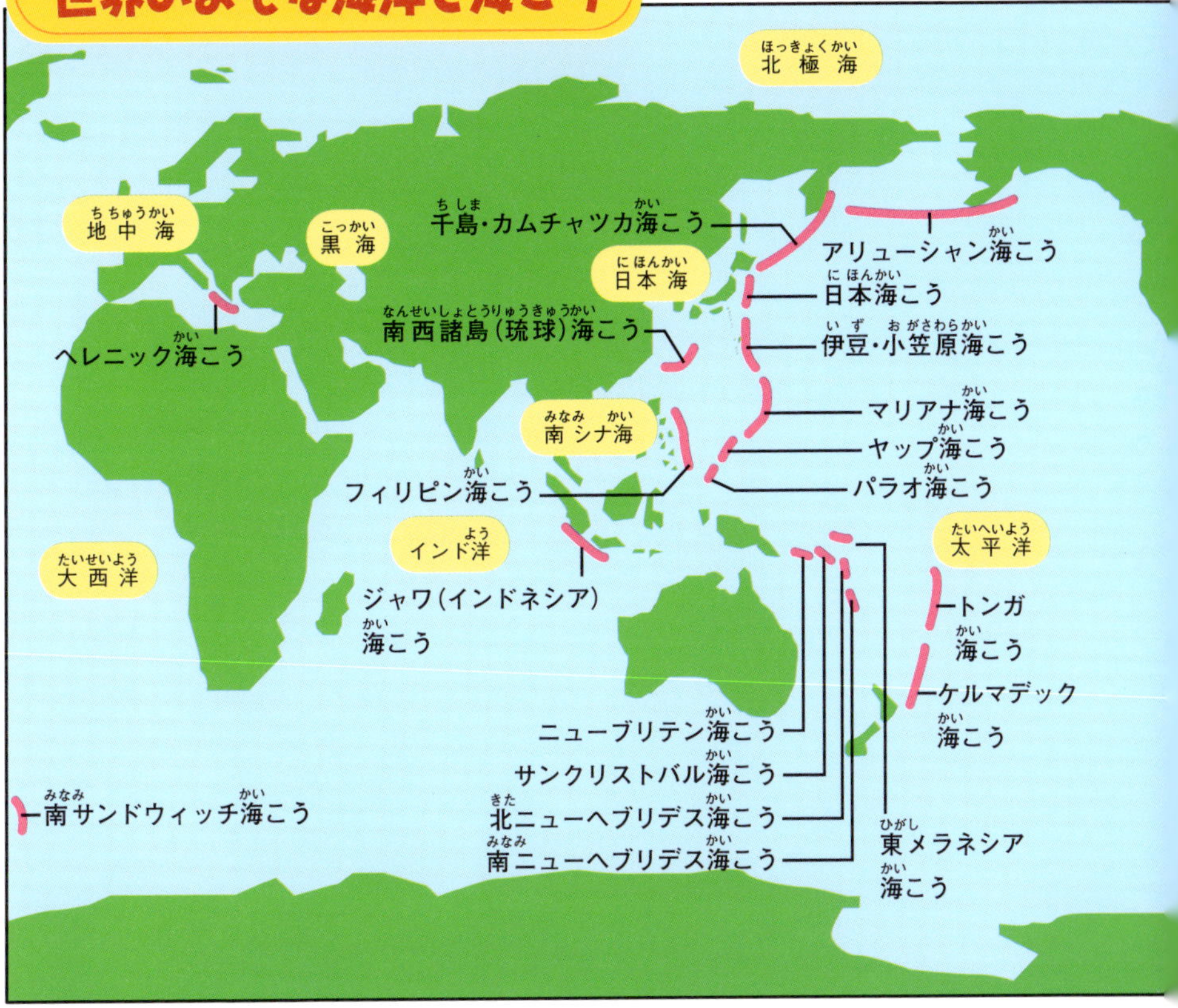

どうして海《うみ》の水《みず》はしょっぱいの？

海《うみ》に塩《しお》のもとがとけているからだよ。

海《うみ》の水《みず》がしょっぱいのは、塩《しお》（塩化《えんか》ナトリウム）がとけているからです。しょっぱい味《あじ》つけに使《つか》う食塩《しょくえん》は、塩化《えんか》ナトリウムでできています。

約《やく》46億年前《おくねんまえ》に生《う》まれた地球《ちきゅう》に、はじめ海《うみ》はありませんでした。地球《ちきゅう》の表面《ひょうめん》はマグマでにえたぎっていて、空《そら》は水《すい》じょう気《き》（⇩16ページ）におおわれていました。

やがて地球《ちきゅう》の温度《おんど》が下《さ》がっていくと、空《そら》にあった水《すい》じょう気《き》が雨《あめ》となって、地球《ちきゅう》にふりそそぎました。このころの空《そら》は、塩《しお》のもとである塩《えん》そもふくんでいたので、雨《あめ》はさんせいでした。ふりつづけた雨《あめ》は、くぼ地《ち》にたまって海《うみ》となりました。また、さんせいの雨《あめ》は岩《がん》石《せき》にふくまれる、もうひとつの塩《しお》のもと、ナトリウムをとかしていきました。こうして、海《うみ》の中《なか》では塩《しお》のもとである塩《えん》そとナトリウムがいっしょになり、塩《しお》ができました。これが、しょっぱい味《あじ》になったしくみです。

海《うみ》の水《みず》をなめるとしょっぱいですが、大昔《おおむかし》の地球《ちきゅう》が作《つく》った塩《しお》だと思《おも》うと味《あじ》わいぶかいですね。

だれかが塩《しお》をまぜたんじゃないのね。

塩化《えんか》ナトリウムができたしくみ

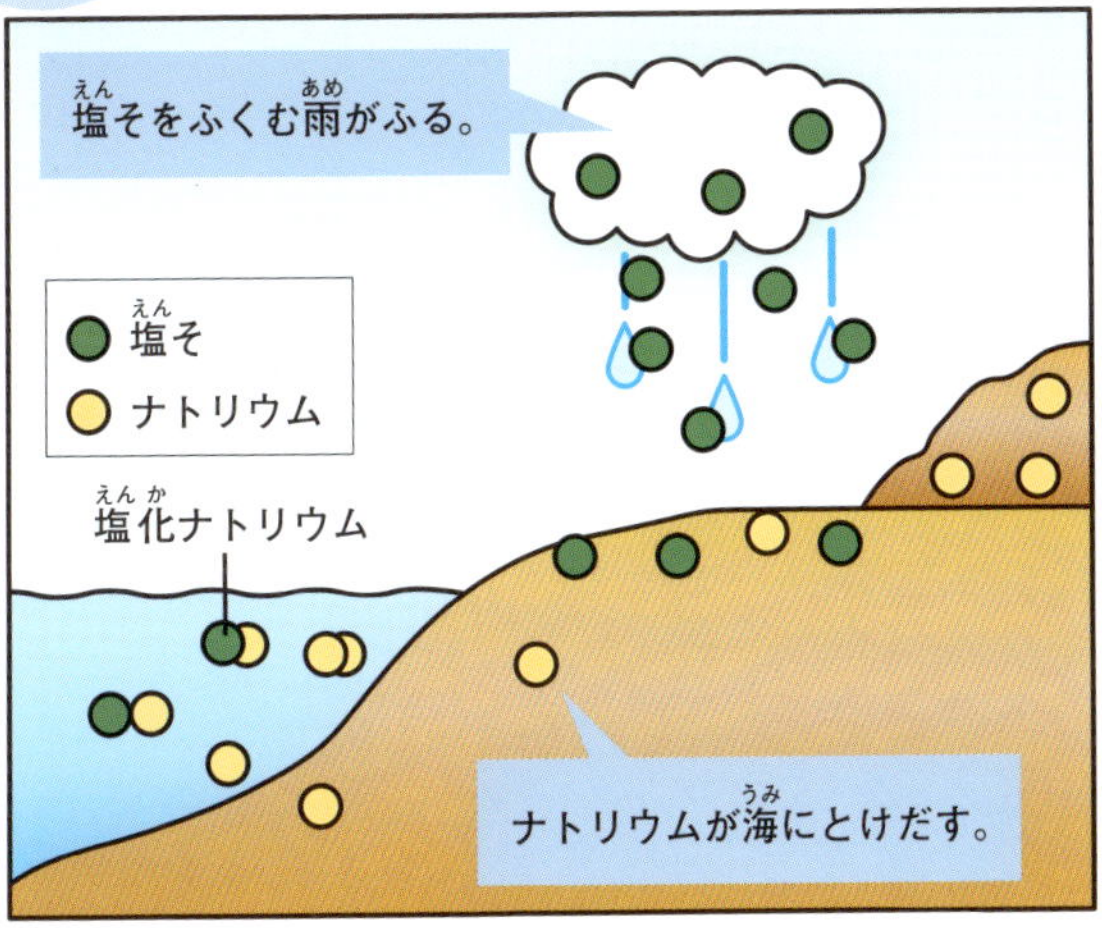

塩《えん》そをふくむ雨《あめ》がふる。
塩《えん》そ
ナトリウム
塩化《えんか》ナトリウム
ナトリウムが海《うみ》にとけだす。

知《し》っているかな？

塩《しお》の成分《せいぶん》は、約《やく》80パーセントが食《た》べられる塩化《えんか》ナトリウムです。「食塩《しょくえん》」でおなじみです。残《のこ》りの約《やく》20パーセントは、マグネシウム、カルシウムなどです。

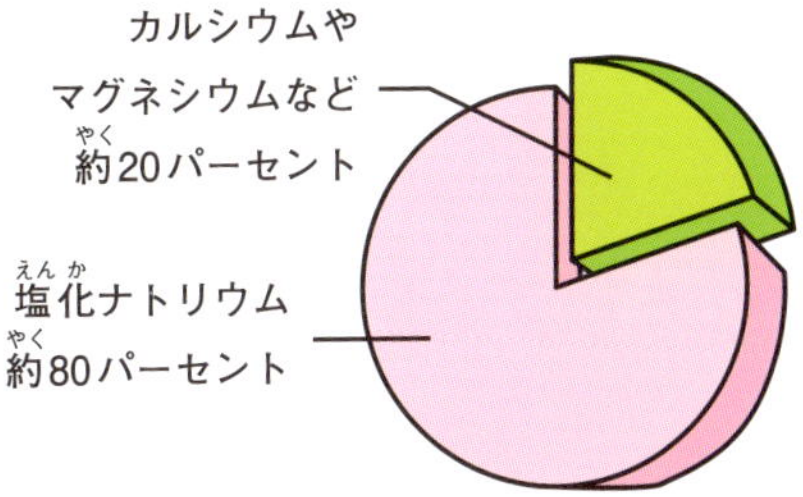

カルシウムや
マグネシウムなど
約《やく》20パーセント
塩化《えんか》ナトリウム
約《やく》80パーセント

川《かわ》はどこから流《なが》れてくるの？

山《やま》の中《なか》から。山《やま》にふった雨《あめ》や雪《ゆき》どけ水《みず》が集《あつ》まって、川《かわ》になるよ。

川《かわ》の始《はじ》まりは、ほとんどが山《やま》の中《なか》です。山《やま》にふった雨《あめ》や雪《ゆき》どけ水《みず》は、地面《じめん》の上《うえ》を流《なが》れたり、土《つち》の中《なか》にしみこんだりします。しみこんだ水《みず》は地中《ちちゅう》をゆっくり流《なが》れる地下水《ちかすい》となりますが、ちょろちょろとしみだしたり、わきだしたりすることがあります。地面《じめん》の上《うえ》を流《なが》れる雨水《あまみず》や、地中《ちちゅう》からしみだしたり、わきだしたりした水《みず》は、はじめはとても少《すく》ないのですが、山《やま》の上《うえ》から下《した》に下《お》りていく間《あいだ》に、だんだん集《あつ》まって多《おお》くなります。や

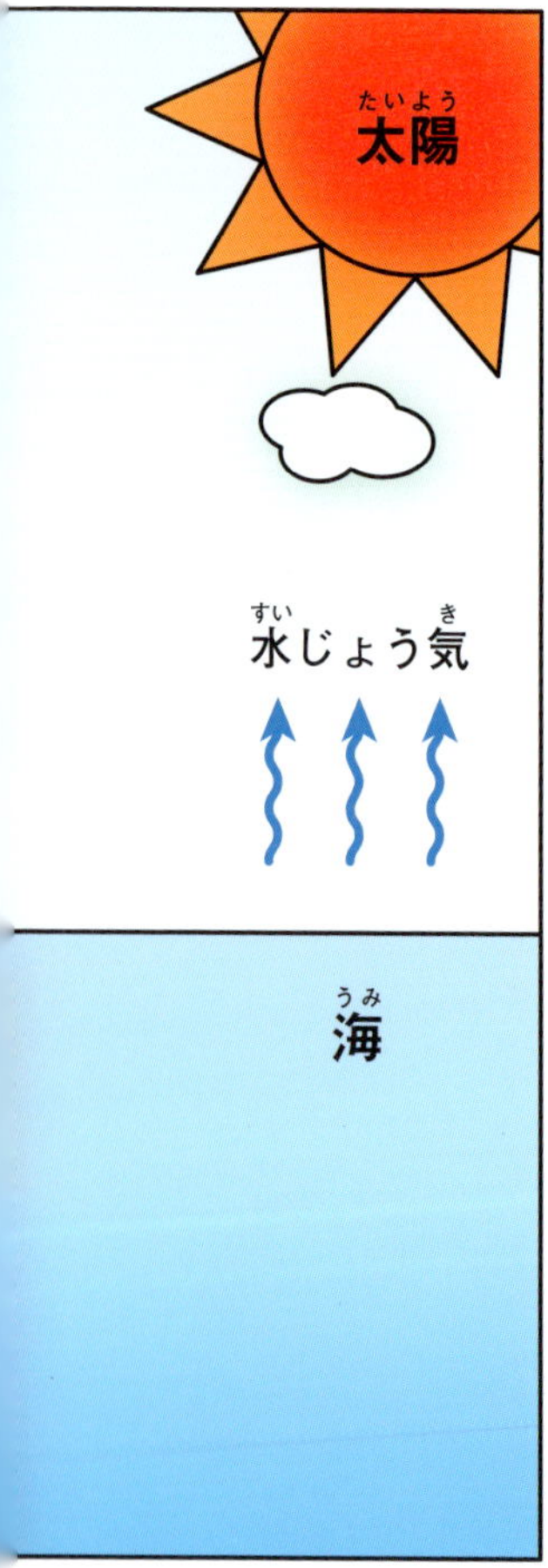

がてみなさんのよく知《し》っている川《かわ》のすがたになっていき、最後《さいご》に海《うみ》に流《なが》れこむのです。川《かわ》の始《はじ》まりは山《やま》の中《なか》、そして、川《かわ》のもとは、山《やま》の上《うえ》の雨水《あまみず》や雪《ゆき》どけ水《みず》というわけです。

水《みず》は回《まわ》っているんだね。

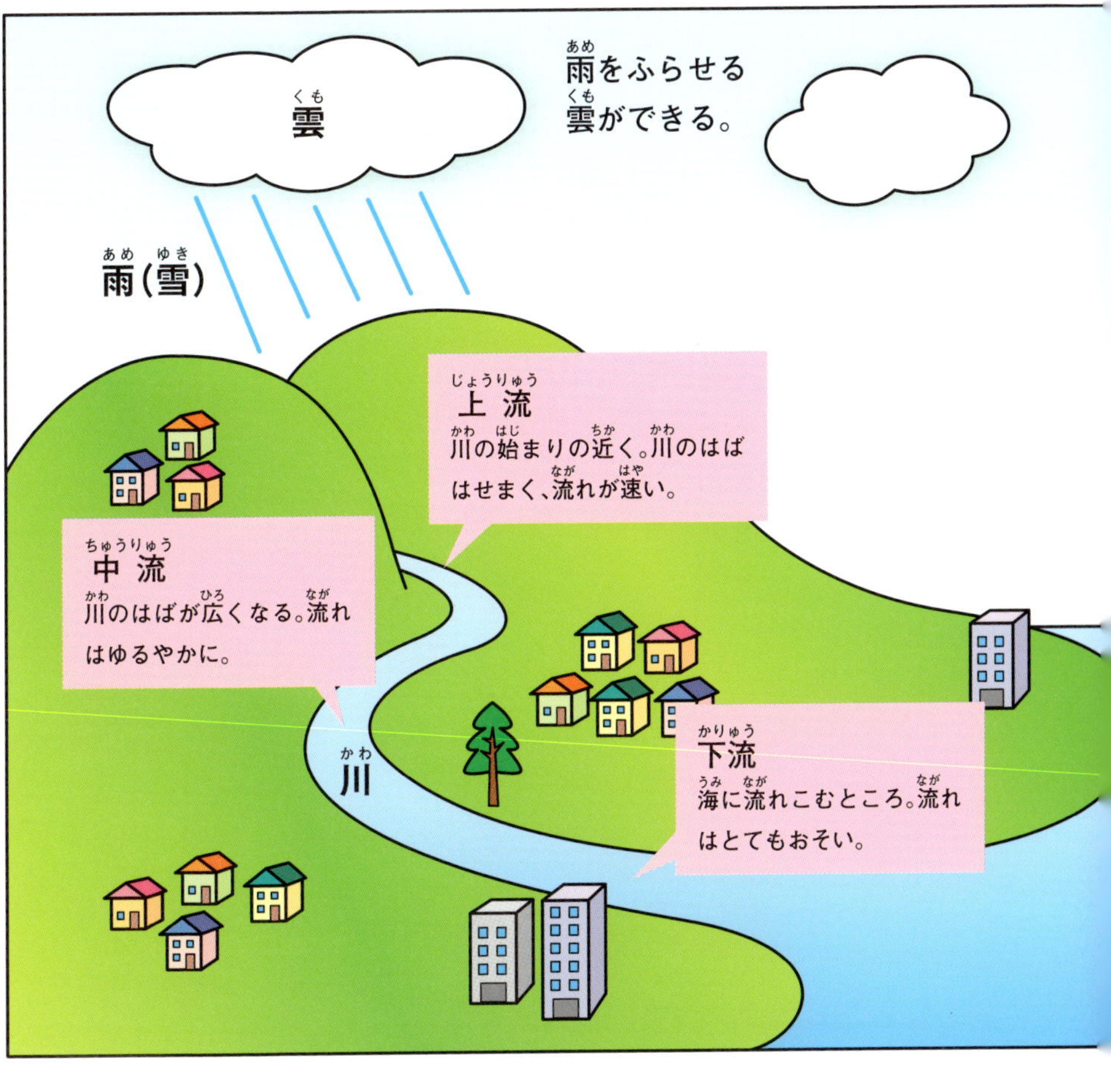

湖《みずうみ》はどうやってできたの？

湖《みずうみ》のでき方《かた》はさまざまだよ。

湖《みずうみ》とは、まわりよりくぼんだところに水《みず》がたまったもので、まわりは陸地《りくち》などで囲《かこ》まれています。ぬまも自然《しぜん》に作《つく》られたものですが、底《そこ》が5メートルくらいの浅《あさ》いもので、湖《みずうみ》と区別《くべつ》します。また、池《いけ》は小《ちい》さく、人間《にんげん》の手《て》で作《つく》られたものが多《おお》いです。

ところで、湖《みずうみ》はでき方《かた》により、天然湖《てんねんこ》とダムなどの人工湖《じんこうこ》に分《わ》けられ、天然湖《てんねんこ》は、さらに次《つぎ》のように分《わ》けられます。

● **カルデラ湖《こ》**　カルデラ（火山活動《かざんかつどう》でできた、円形《えんけい》の大《おお》きなくぼ地《ち》）の一部《いちぶ》に水《みず》がたまってできた湖《みずうみ》。

● **火口湖《かこうこ》**　火山《かざん》のふん火《か》のあと、火口《かこう》に水《みず》がたまってできた湖《みずうみ》。

湖《みずうみ》にはいろいろでき方《かた》があるよ。

せき止《と》め湖《こ》　火山《かざん》のよう岩《がん》や山《やま》くずれで、川《かわ》の流《なが》れがせきとめられてできた湖《みずうみ》。

だんそう湖《こ》　地面《じめん》が動《うご》いて、低《ひく》くなったところに水《みず》がたまってできた湖《みずうみ》。

三日月湖《みかづきこ》　曲《ま》がりくねっている川《かわ》が、こう水《ずい》などで水《みず》があふれて、川《かわ》すじが変《か》わり、曲《ま》がった部分《ぶぶん》がとちゅうで取《と》りのこされてできた三日月《みかづき》の形《かたち》の湖《みずうみ》。

天然湖《てんねんこ》はどれも、雨《あめ》や雪《ゆき》どけ水《みず》、流《なが》れこんできた川《かわ》の水《みず》や地下水《ちかすい》などがたまってできます。そして、できあがったあとも、そうした水《みず》が注《そそ》ぎこまれています。

知《し》っているかな？

★日本一大《にっぽんいちおお》きい湖《みずうみ》

びわ湖《こ》。滋賀県《しがけん》にある。滋賀県《しがけん》の6分《ぶん》の1の大《おお》きさ。

★世界一深《せかいいちふか》い湖《みずうみ》

バイカル湖《こ》。ロシアにある。いちばん深《ふか》いところは1642メートル。

地球《ちきゅう》の水《みず》の量《りょう》は全体《ぜんたい》でどれくらいあるの？

約《やく》14億立方《おくりっぽう》キロメートル。でも、使《つか》える水《みず》は地球全体《ちきゅうぜんたい》の0.01パーセントしかないんだよ。

地球《ちきゅう》は〝水《みず》のわく星《せい》〟ともよばれ、表面《ひょうめん》の約《やく》70パーセントは水《みず》でおおわれています。その量《りょう》は、およそ14億立方《おくりっぽう》キロメートル！ けれど、その約《やく》97・5パーセントは海水《かいすい》なので、飲《の》んだり生活《せいかつ》に使《つか》うことはできません。たん水《すい》（塩分《えんぶん》をふくまない水《みず》）は約《やく》2・5パーセントです。しかも、このたん水《すい》の大部分《だいぶぶん》は南極《なんきょく》や北《ほっ》極《きょく》の氷《こおり》のじょうたいです。地下水《ちかすい》や川《かわ》や湖《みずうみ》などの水《みず》としてそんざいする量《りょう》は、地球全体《ちきゅうぜんたい》の水《みず》の約《やく》0・8パーセントしかありません。さらに、地下水《ちかすい》はすぐに

▼宇宙《うちゅう》から見《み》た地球《ちきゅう》

©NASA/NOAA/GOES Project

は使《つか》えないので、川《かわ》や湖《みずうみ》など人《ひと》が使《つか》いやすいじょうたいの水《みず》は0・01パーセントくらいしかないのです。つまり、コップ1万《まん》ぱいのうち1ぱいだけ。

水《みず》のわく星《せい》といわれていても、使《つか》える水《みず》はとても少《すく》なく、水《みず》はき重《ちょう》なしげんなのです。

使《つか》える水《みず》はこんなに少《すく》ない！

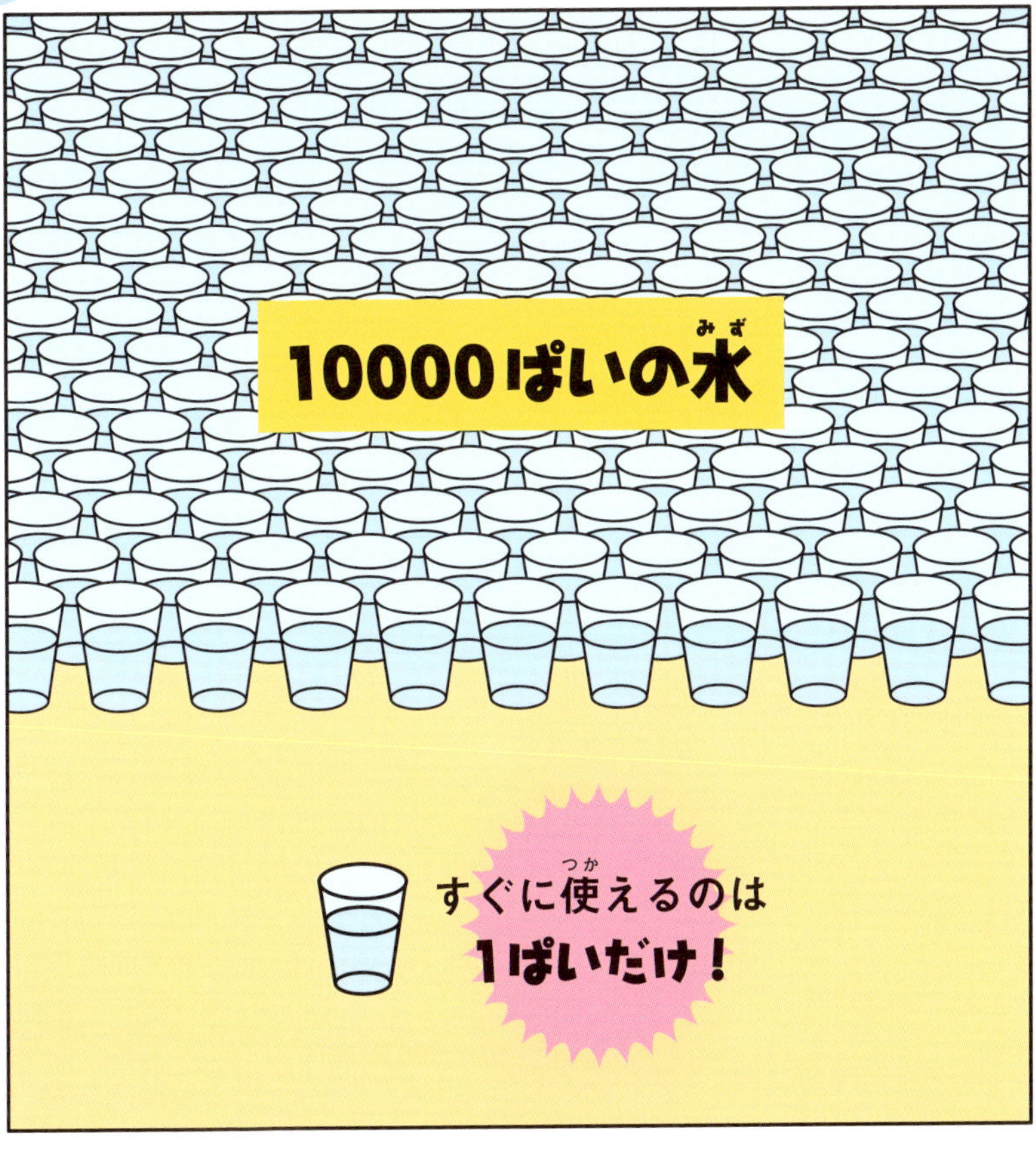
10000ぱいの水《みず》
すぐに使《つか》えるのは
1ぱいだけ！

おさらいクイズ

水《みず》は大切《たいせつ》にしないとね。
さっそく問題《もんだい》にチャレンジ！
（答《こた》えは112ページ）

Q1

風《かぜ》で水面《すいめん》がゆれてできる波《なみ》を何《なん》という？

A つ波《なみ》

B 大波《おおなみ》

C 波《は》ろう

Q2

つ波《なみ》の波《なみ》の速《はや》さは、海《うみ》が浅《あさ》くなるとどうなる？

A 速《はや》くなる

B おそくなる

C 変《か》わらない

Q3

海《うみ》の中《なか》まで入《はい》っていける光《ひかり》の色《いろ》は？

A だいだい

B むらさき

C 青《あお》

Q4

いちばん深《ふか》い海底《かいてい》はエベレストの高《たか》さよりも深《ふか》い。○か×か。

○

×

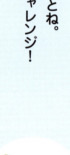

Q5

海《うみ》の塩《しお》のもとでないのはどれ？

A ヘリウム

B ナトリウム

C 塩《えん》そ

Q6

川《かわ》のはじまりはおもにどこ？

A 平野《へいや》

B 山《やま》の上《うえ》

C 山《やま》のふもと

Q7

火山活動《かざんかつどう》でできた大《おお》きな丸《まる》いくぼ地《ち》の湖《みずうみ》を何《なん》という？

A 火口湖《かこうこ》

B 三日月湖《みかづきこ》

C カルデラ湖《こ》

Q8

人間《にんげん》が使《つか》える水《みず》は地球《ちきゅう》全体《ぜんたい》の何《なん》パーセント？

A 約《やく》1パーセント

B 約《やく》0.1パーセント

C 約《やく》0.01パーセント

答《こた》え

A1
C

湖《みずうみ》や池《いけ》でもできる。

A2
B

波《なみ》の高《たか》さは高《たか》くなる。

A3
C

青《あお》い光《ひかり》は波《なみ》が短《みじか》いから。

A4
○

マリアナ海《かい》こうは1万《まん》920メートルの深《ふか》さ。

A5
A

塩《えん》そとナトリウムでできた塩《えん》化《か》ナトリウムが海《うみ》の塩《しお》。

A6
B

雨水《あまみず》や雪《ゆき》どけ水《みず》が川《かわ》のもと。

A7
C

雨水《あまみず》や雪《ゆき》どけ水《みず》、流《なが》れこんだ川《かわ》の水《みず》などがたまる。

A8
C

コップ1万《まん》ぱいのうちたったの1ぱい。

5

宇《う》宙《ちゅう》のふしぎ

人間《にんげん》も宇宙《うちゅう》の一員《いちいん》。
宇宙《うちゅう》から見《み》た地球《ちきゅう》を考《かんが》えてみよう。

【宇宙《うちゅう》】

最後《さいご》に、地球《ちきゅう》を外《そと》から見《み》てみましょう。地球《ちきゅう》は、大《おお》きな宇宙《うちゅう》の中《なか》にういている小《ちい》さな天体《てんたい》です。いったい、いつどのようにして生《う》まれ、どのようにして今《いま》のようなすがたになったのでしょうか。ほかの天体《てんたい》とくらべながら、地球《ちきゅう》の特《とく》ちょうについてくわしく調《しら》べて

バズ・ライトイヤーは宇宙《うちゅう》を守《まも》るスペースレンジャー！……だよね？

みましょう。

地球《ちきゅう》にはゆたかな自然《しぜん》があり、たくさんの生物《せいぶつ》がくらしています。

みなさんは、この宇宙《うちゅう》に、地球《ちきゅう》のように生物《せいぶつ》がそんざいする天体《てんたい》があると思いますか。わたしたち人《にん》間《げん》も宇宙《うちゅう》の一員《いちいん》です。しょう来《らい》、ほかの天体《てんたい》の生物《せいぶつ》に会《あ》う日《ひ》が来《き》たら、わたしたちの地球《ちきゅう》がどんな天《てん》体《たい》なのか、教《おし》えてあげたいですね。

エイリアンはもしかしたら本物《ほんもの》だったりして！

地球《ちきゅう》はどうやってできたの？

太陽《たいよう》のまわりを回《まわ》るガスやちりが集《あつ》まってできたよ。

地球《ちきゅう》は太陽《たいよう》のまわりを回《まわ》るわく星《せい》です。地《ち》球《きゅう》と太陽《たいよう》は、ほぼ同《おな》じ時期《じき》に生《う》まれました。約《やく》46億年前《おくねんまえ》のことです。まず、太陽《たいよう》が生《う》まれました。次《つぎ》に、宇宙《うちゅう》にただようガスやちりが太《たい》陽《よう》のまわりを回《まわ》りながら、ぶつかりあったり、くっついたりして「びわく星《せい》」という小《ちい》さな

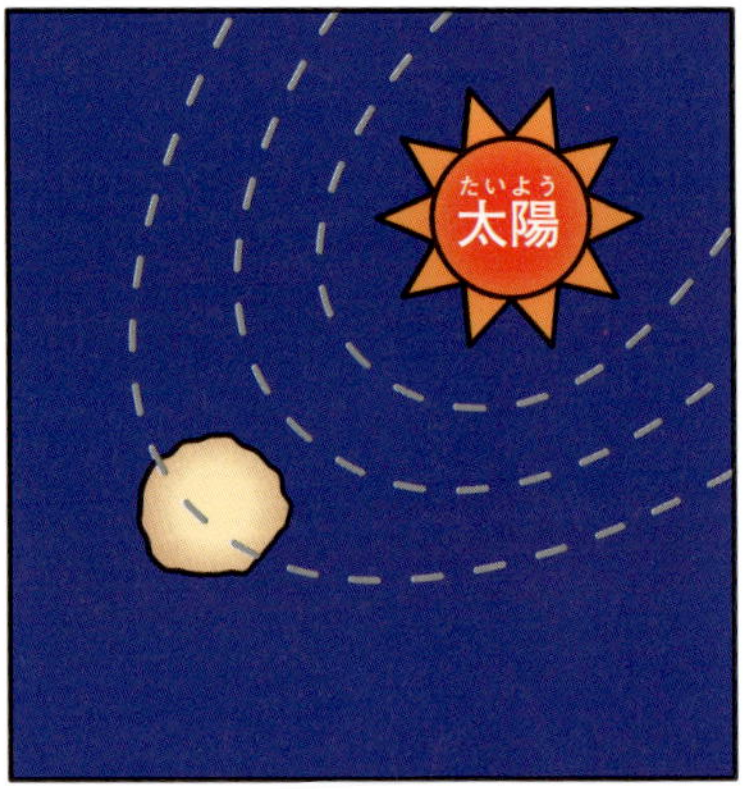

びわく星《せい》が集《あつ》まって、地球《ちきゅう》のもとができる。

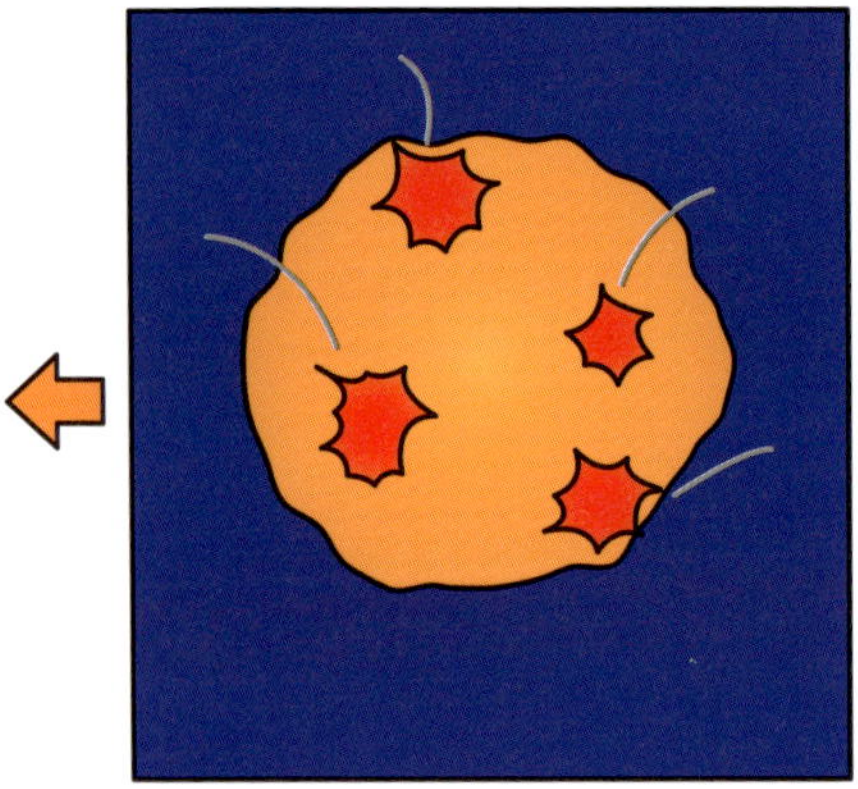

マグマオーシャンにおおわれる地球《ちきゅう》のもと。

星《ほし》になりました。びわく星《せい》はおたがいにぶつかったり、くっついたりして大《おお》きくなり、やがて8つの天体《てんたい》ができました。そのひとつが地球《ちきゅう》です。

生《う》まれたばかりの地球《ちきゅう》は、びわく星《せい》がぶつかったときのエネルギーで「マグマオーシャン」とよばれる、真《ま》っ赤《か》な熱《あつ》い海《うみ》におおわれていました。びわく星《せい》がぶつかる回数《かいすう》がへってくると、地球《ちきゅう》の表面《ひょうめん》は少《すこ》しずつ冷《ひ》えて雨《あめ》がふり、マグマオーシャンも冷《ひ》えて固《かた》まると、陸《りく》と海《うみ》に分《わ》かれて、今《いま》の地球《ちきゅう》となりました。

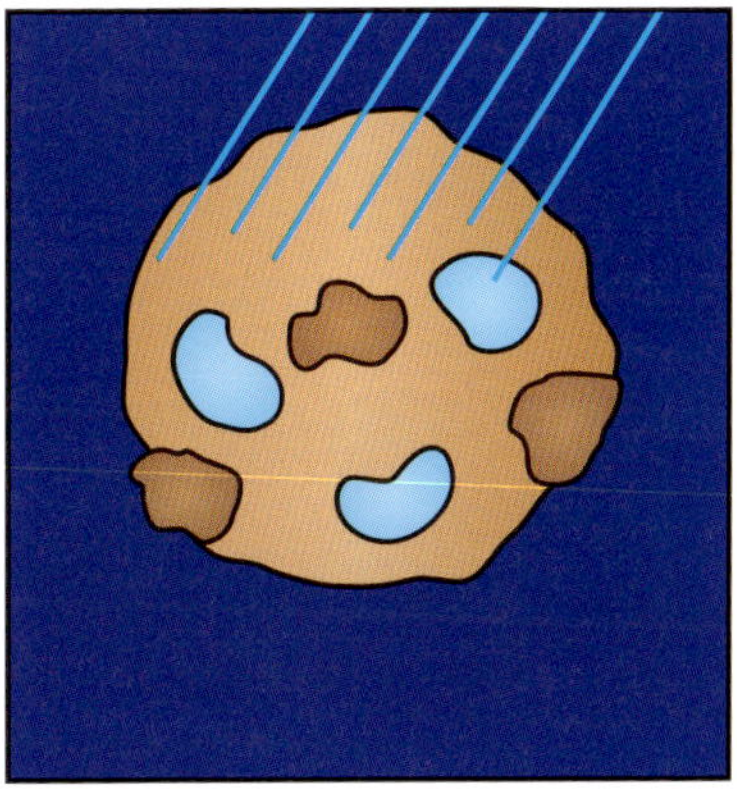

表面《ひょうめん》が冷《ひ》えて雨《あめ》がふり、マグマオーシャンも冷《ひ》えて固《かた》まる。

陸《りく》と海《うみ》ができて、今《いま》の地球《ちきゅう》となる。

どうして時差《じさ》があるの？

地球《ちきゅう》が24時間《じかん》かけて1周《しゅう》しているからだよ。

日本《にっぽん》の朝《あさ》10時《じ》、リョウくんは、イギリスのロンドンに引《ひ》っこしたアキラくんに電話《でんわ》しました。電《でん》話《わ》を取《と》ったアキラくんのお母《かあ》さんはいいました。「今《いま》は夜中《よなか》の1時《じ》ですよ」。リョウくんは世界中《せかいじゅう》どこも、日本《にっぽん》と同《おな》じ時《じ》こくだと思《おも》っていましたが、そうではないのです。この時《じ》こくの差《さ》を「時差《じさ》」といいます。

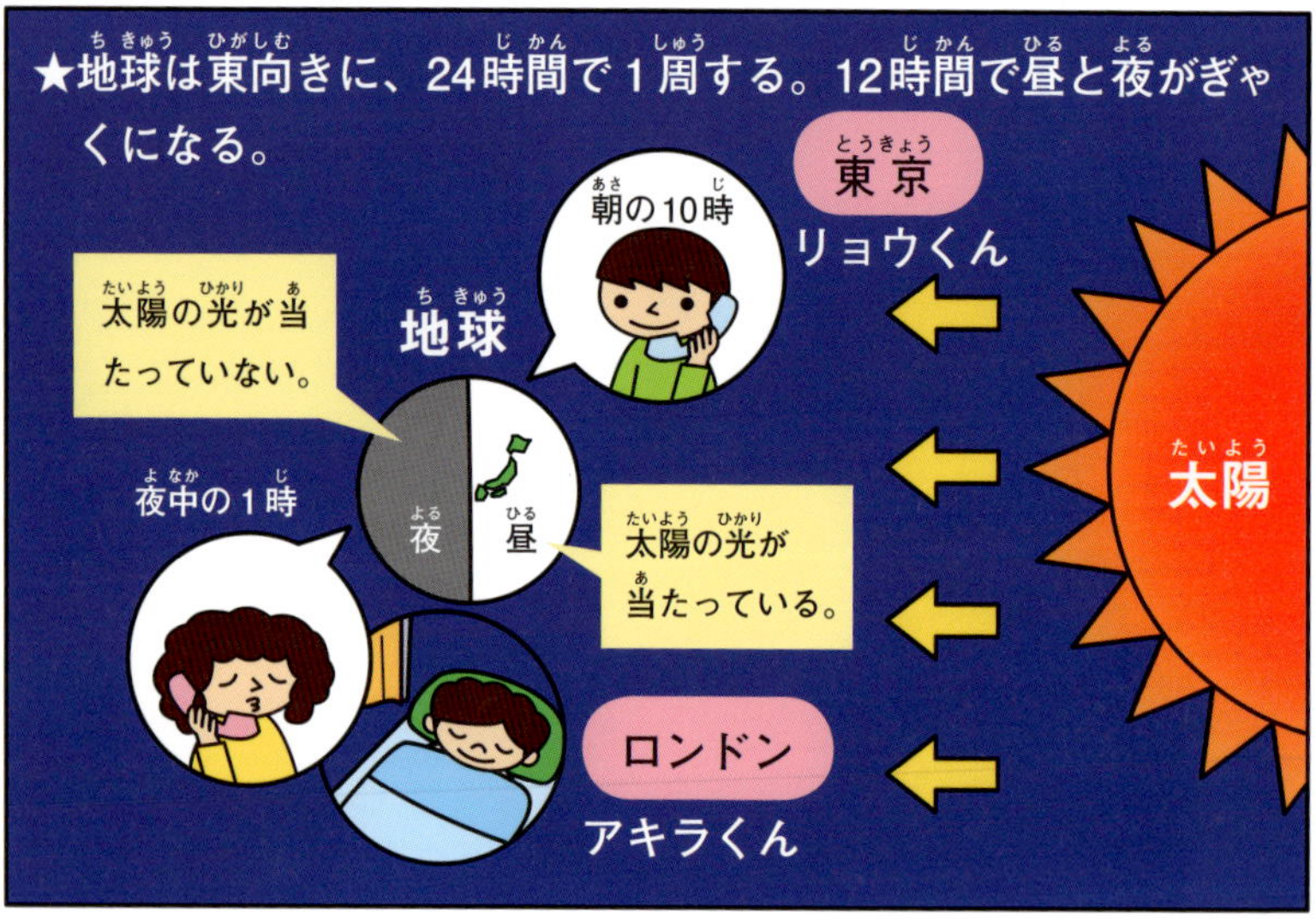
★地球《ちきゅう》は東向《ひがしむ》きに、24時間《じかん》で1周《しゅう》する。12時間《じかん》で昼《ひる》と夜《よる》がぎゃくになる。
東京《とうきょう》
朝《あさ》の10時《じ》
リョウくん
太陽《たいよう》の光《ひかり》が当《あ》たっていない。
地球《ちきゅう》
夜中《よなか》の1時《じ》
夜《よる》
昼《ひる》
太陽《たいよう》の光《ひかり》が当《あ》たっている。
太陽《たいよう》
ロンドン
アキラくん

※（おうちの方《かた》へ）この時差《じさ》はサマータイム（夏時間《なつじかん》）を考慮《こうりょ》していません。

世界《せかい》の時《じ》こくのひかく

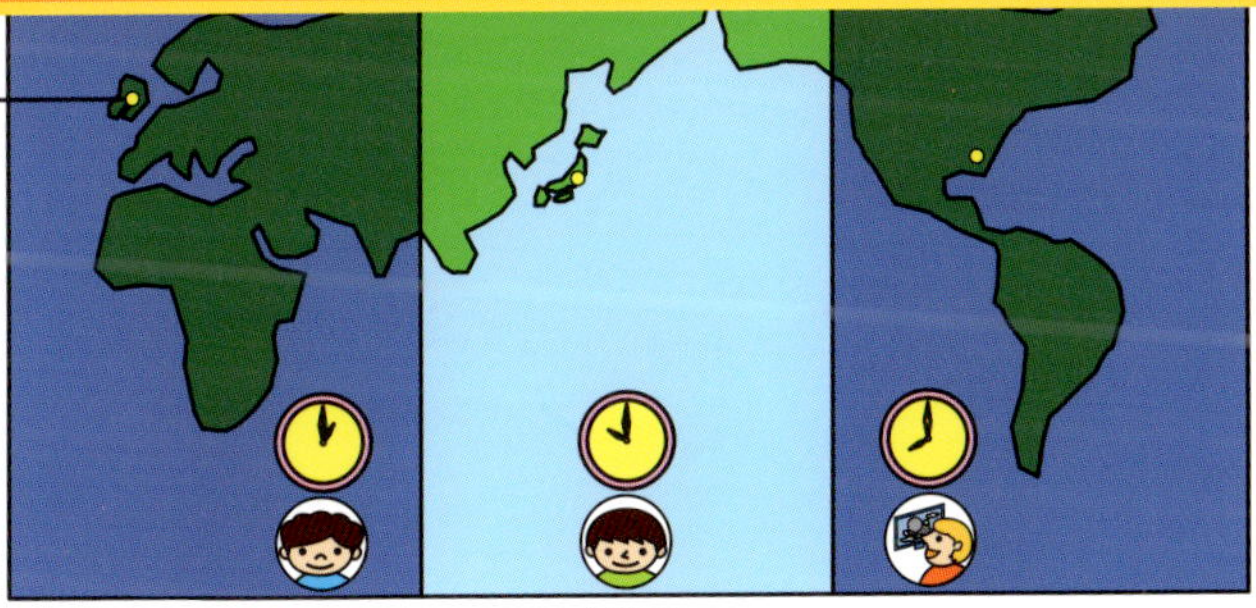
グリニッジ天文台《てんもんだい》
ロンドン
（前《まえ》の日《ひ》の夜《よる》の１時《じ》）
東京《とうきょう》
（朝《あさ》の10時《じ》）
ニューヨーク
（前《まえ》の日《ひ》の夜《よる》の８時《じ》）

なぜ、こんなことが起《お》こるのかというと、地球《ちきゅう》は丸《まる》い形《かたち》をしていて、自分自身《じぶんじしん》で24時間《じかん》かけて1周《しゅう》します。太陽《たいよう》が当《あ》たる時間《じかん》と当《あ》たらない時間《じかん》が半分《はんぶん》ずつでき、昼《ひる》と夜《よる》になります。同《おな》じじゅん間《かん》でも、国《くに》や地《ち》いきによって時《じ》こくはちがってくるのです。

世界《せかい》の時《じ》こくのき本《ほん》は、いちばん古《ふる》い天文台《てんもんだい》のある、ロンドンのグリニッジ天文台《てんもんだい》の時《じ》こくです。これを「標《ひょう》じゅん時《じ》」といいます。そして地球《ちきゅう》を24この地《ち》いきに分《わ》けて、ロンドンの時《じ》こくから1時間《じかん》ずつのずれ（時差《じさ》）を作《つく》ります。24こに分《わ》けたのは、地球《ちきゅう》が24時間《じかん》で1周《しゅう》するからです。日本《にっぽん》の標《ひょう》じゅん時《じ》は、兵庫県明石市《ひょうごけんあかしし》の時《じ》こくになっています。

島《しま》はどうやってできたの？

大陸《たいりく》から分《わ》かれてできた島《しま》、火山《かざん》でできた島《しま》があるよ。

日本《にっぽん》には、約《やく》7000の島《しま》があります。地球上《ちきゅうじょう》の島《しま》は、10万《まん》以上《いじょう》といわれています。

島《しま》は、でき方《かた》のちがいで大《おお》きく2種類《しゅるい》に分《わ》かれます。「陸島《りくとう》」と「洋島《ようとう》」です。陸島《りくとう》は大陸《たいりく》の近《ちか》くにあり、昔《むかし》大陸《たいりく》とつながりがあった島《しま》のこと。陸地《りくち》がしずんで残《のこ》った部分《ぶぶん》、大陸《たいりく》のまわりの海底《かいてい》の一部《いちぶ》がもりあがってできた部分《ぶぶん》が島《しま》になったと考《かんが》えられています。イギリスのグレートブリテン島《とう》や、日本列島《にっぽんれっとう》の多《おお》くも、この陸島《りくとう》です。一方《いっぽう》、洋島《ようとう》は大陸《たいりく》からはなれていて、昔《むかし》から大陸《たいりく》とつながりがない島《しま》のこと。海底火山《かいていかざん》のふん火《か》でできた島《しま》と、サンゴから島《しま》に

日本《にっぽん》には、約《やく》7000もの島《しま》があるんだね！　びっくり！

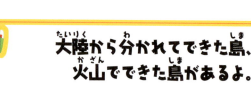

なったものがあります。火山《かざん》からできた島《しま》の代《だい》表的《ひょうてき》なものに、ハワイしょ島《とう》やガラパゴスしょ島《とう》、日本《にっぽん》では伊豆《いず》・小笠《おがさ》原《わら》しょ島《とう》などがあります。

グリーンランド島《とう》やマダガスカル島《とう》は、プレート（⇩46ページ）が動《うご》いてできた島《しま》で、陸島《りくとう》、洋《よう》島《とう》のどちらにも当《あ》てはまりません。「小大陸《しょうたいりく》」といわれることもあります。

知《し》っているかな？

▼メグロ

©小宮圭一

本文《ほんぶん》に出《で》てきた小笠原《おがさわら》しょ島《とう》の生物《せいぶつ》は、風《かぜ》に乗《の》ったり、海《うみ》に流《なが》されたりして、ぐう然島《ぜんしま》にたどりつきました。そして、長《なが》い年月《ねんげつ》をかけて、島《しま》のかんきょうに合《あ》わせてくらし、生《い》き残《のこ》ったものばかりです。どく自《じ》に進化《しんか》したので、ここでしか見《み》られない生物《せいぶつ》がたくさんいます。

▼オビシメ

©環境省

空《そら》と宇宙《うちゅう》の区《く》切《ぎ》りはあるの？

空気《くうき》がある、地上《ちじょう》から100キロメートルが目安《めやす》だよ。

みなさんが昼間《ひるま》、見《み》あげる空《そら》は、宇宙《うちゅう》の果《は》てまで続《つづ》いています。では、どこまでが空《そら》で、どこから先《さき》が宇宙《うちゅう》なのでしょうか。いろいろな考《かんが》え方《かた》がありますが、「空《くう》気《き》があるかどうか」をひとつの目安《めやす》にすることが多《おお》いようです。空気《くうき》は上《うえ》に行《い》けば行《い》くほどうすくなり、地上《ちじょう》から１００キロメートルのところで、ほとんどなくなります。この１００キロメートルのあたりが、空《そら》と宇宙《うちゅう》のさかい目《め》といえそうです。

では、１００キロメートルはどれくらいの高《たか》

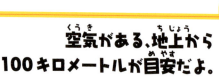

さでしょうか。世界《せかい》一《いち》高《たか》い山《やま》エベレストは8848メートル。10キロメートルにもとどきません。10キロメートルといえば、ジェット機《き》が空《そら》を飛《と》ぶ高《たか》さです。宇宙飛行士《うちゅうひこうし》でないかぎり、これより上《うえ》を人間《にんげん》が飛《と》ぶことはありません。

次《つぎ》に、宇宙《うちゅう》に目《め》を向《む》けてみましょう。にじのカーテンといわれるオーロラは、100キロメートルより上《うえ》にできます。流《なが》れ星《ぼし》は70～150キロメートルのあたりでかがやきます。宇宙飛行士《うちゅうひこうし》が活動《かつどう》する国《こく》さい宇宙《うちゅう》ステーションが回《まわ》っているのは、400キロメートル上《うえ》です。

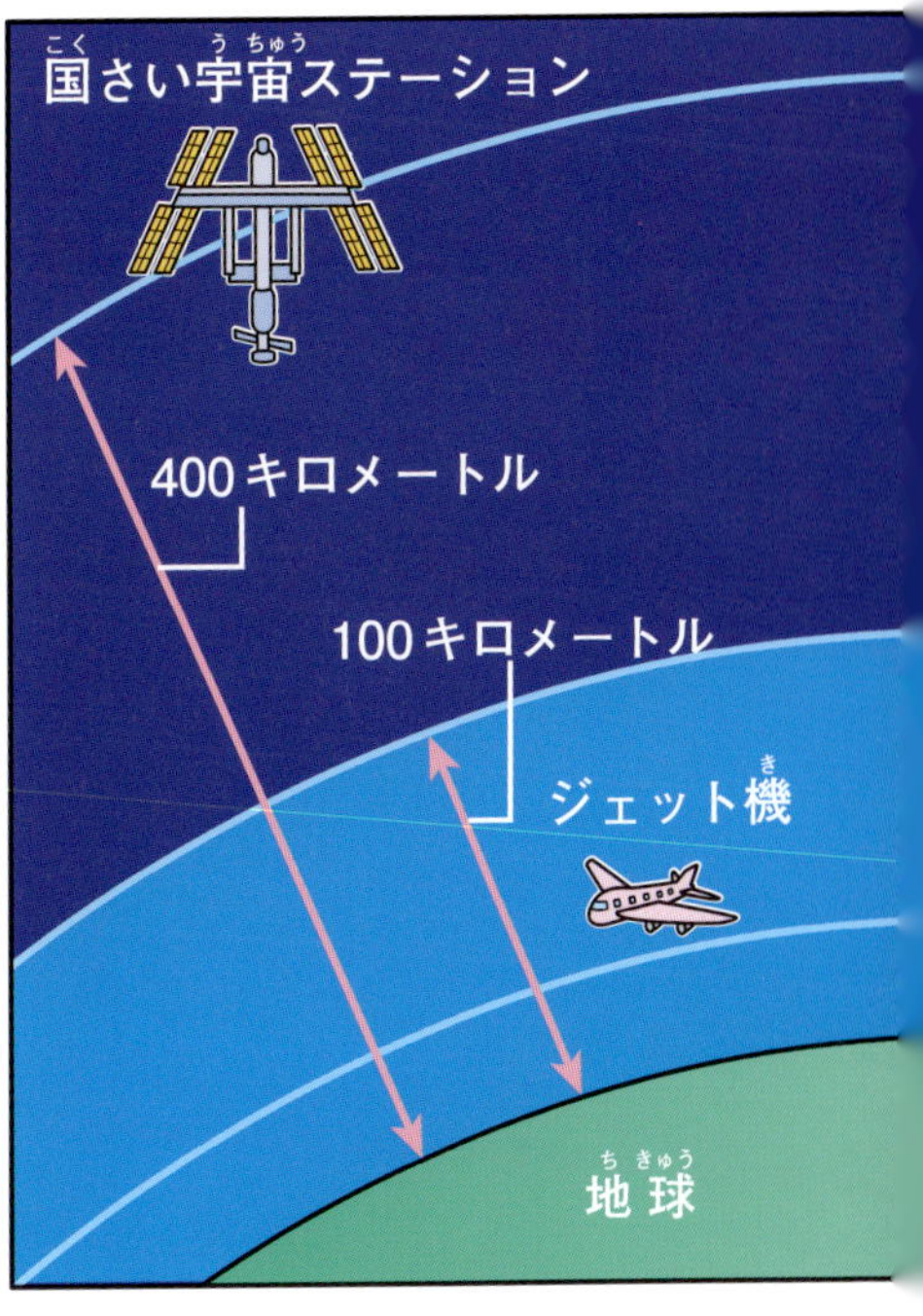

宇宙《うちゅう》までは、時速《じそく》100キロメートルの車《くるま》で1時間《じかん》のきょりだ。

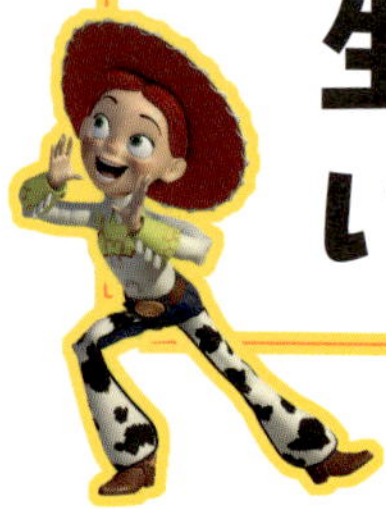

生物《せいぶつ》は地球《ちきゅう》にしかいないって、ホント？

ウソだよという答《こた》えを求《もと》めて、ずっと調《ちょう》さを続《つづ》けているよ。

残念《ざんねん》ながら、まだ地球《ちきゅう》以外《いがい》の天体《てんたい》で、生物《せいぶつ》は見《み》つかっていません。ですが、ごく小《ちい》さなび生物《せいぶつ》などを考《かんが》えると、わずかなすきまと栄養分《えいようぶん》があれば生《い》きていけるので、人間《にんげん》が住《す》むことができない、わく星《せい》にいたとしてもふしぎではありません。火星《かせい》には、かつて水《みず》が流《なが》れていたあとが残《のこ》っています。今《いま》も、地下《ちか》にこおった水《みず》があるといわれています。また、木星《もくせい》のえい星《せい》エウロパの地下《ちか》には水《みず》があると考《かんが》えられていて、生物《せいぶつ》のそんざいが期待《きたい》されています。地球《ちきゅう》以外《いがい》の生物《せいぶつ》と会《あ》える日《ひ》が来《く》るかもしれないと考《かんが》えたら、わくわくしますね。

ところで、地球《ちきゅう》で最初《さいしょ》の〝いのち〟は、まださんそ

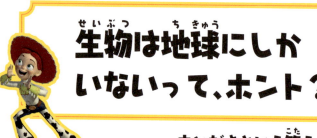

もない大昔《おおむかし》に生《う》まれました。沖縄《おきなわ》トラフの海底《かいてい》は、生命《せいめい》がたん生《じょう》してすぐのころの地《ち》球《きゅう》のかんきょうとよくにています。みなさんは、地球深《ちきゅうしん》部《ぶ》たんさ船《せん》「ちきゅう」を知《し》っていますか。「ちきゅう」は、その〝いのち〟のナゾをとくために、沖縄《おきなわ》トラフの海《かい》底《てい》をほり、地下《ちか》にねむっている〝いのち〟をさがす活動《かつどう》や調《ちょう》さをしています。

▼地球深部《ちきゅうしんぶ》たんさ船《せん》「ちきゅう」。
地《じ》しんのしくみを調《しら》べる活動《かつどう》もしています。

©JAMSTEC

地球《ちきゅう》を身体《しんたい》けんさすると……？

地球《ちきゅう》はちょっとだけ横《よこ》に長《なが》いよ。

写真《しゃしん》で見《み》る地球《ちきゅう》はボールのように丸《まる》い形《かたち》ですが、実《じっ》は赤道《せきどう》（⇩24ページ）のところが少《すこ》しふくらんだ形《かたち》をしています。

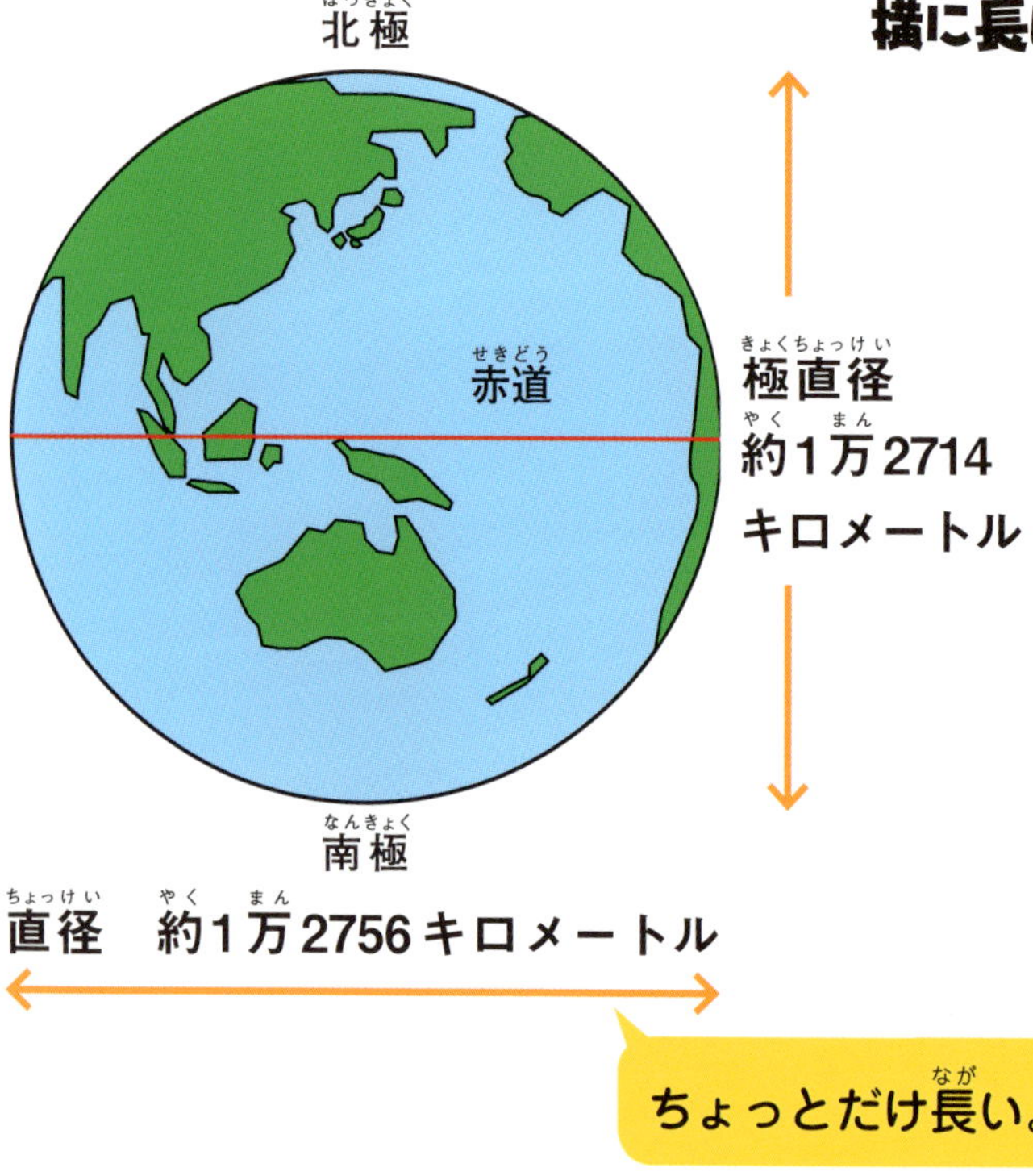
北極《ほっきょく》
赤道《せきどう》
極直径《きょくちょっけい》
約《やく》1万《まん》2714
キロメートル
南極《なんきょく》
直径《ちょっけい》　約《やく》1万《まん》2756キロメートル
ちょっとだけ長《なが》い。

1周《しゅう》の長《なが》さ	約《やく》4万《まん》キロメートル
重《おも》さ	約《やく》6000億《おく》トン×100億《おく》
太陽《たいよう》からのきょり	約《やく》1億《おく》5000万《まん》キロメートル

地球《ちきゅう》は、太陽《たいよう》を中《ちゅう》心《しん》とする太陽《たいよう》けいのわく星《せい》（⇩130ページ）のひとつです。なかまのわく星《せい》と大《おお》きさをくらべてみましょう。

いちばん大《おお》きいわく星《せい》は木星《もくせい》。いちばん小《ちい》さいわく星《せい》は水星《すいせい》だよ。

わく星《せい》の大《おお》きさくらべ

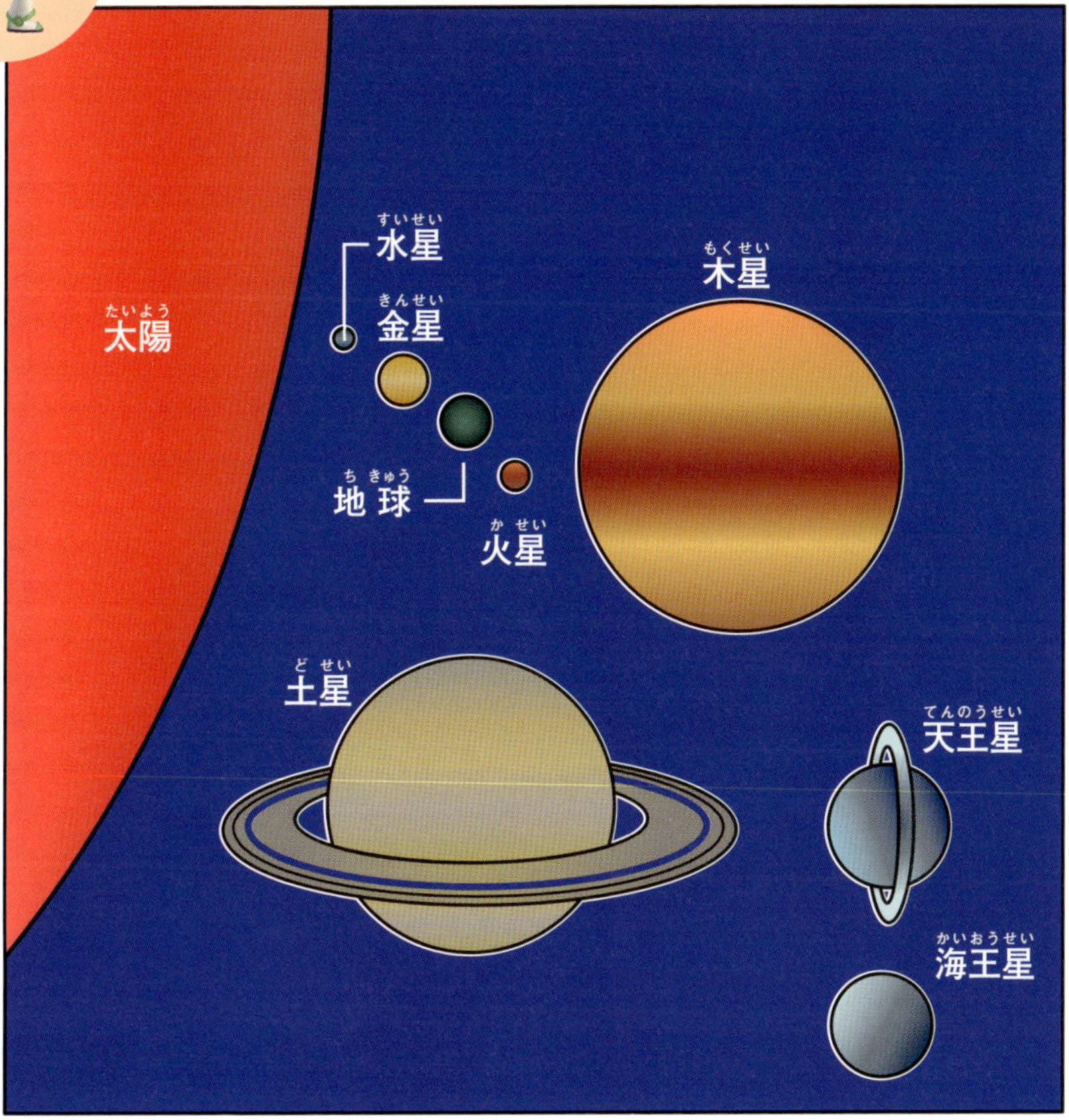
太陽《たいよう》
水星《すいせい》
金星《きんせい》
地球《ちきゅう》
火星《かせい》
木星《もくせい》
土星《どせい》
天王星《てんのうせい》
海王星《かいおうせい》

地球《ちきゅう》はなぜ丸《まる》い形《かたち》なの？

丸《まる》い形《かたち》がいちばんつりあいが取《と》れるんだよ。

太陽《たいよう》けいのわく星《せい》（⇩130ページ）を見《み》ると、地《ち》球《きゅう》だけではなく、すべてのわく星《せい》が丸《まる》い形《かたち》をしています。そういえば、太陽《たいよう》も地球《ちきゅう》のまわりを回《まわ》る月《つき》も丸《まる》いですね。どうして、みんな丸《まる》いかというと、それぞれの天体《てんたい》が持《も》つ引力《いんりょく》のせいです。引力《いんりょく》は、ものとものが、おたがいに引《ひ》っぱりあう力《ちから》のことです。この力《ちから》はものが重《おも》くなればなるほど大《おお》きくなり、でこぼこした形《かたち》を作《つく》りにくくします。

天体《てんたい》は、どれもガスやちりが集《あつ》まってできたものですが、はじめはでこぼこの形《かたち》をしていました。それが重《おも》くなるにつれて、出《で》っぱったところがくずれて、引《ひ》っこんだところがうめられて、だんだんと丸《まる》い形《かたち》になって安定《あんてい》していきました。

というのも、丸《まる》い形《かたち》は、中心《ちゅうしん》からおす力《ちから》と外《そと》からおす力《ちから》のつりあいがいちばん取《と》れていて、いったん丸《まる》くなると、長《なが》く形《かたち》を変《か》えないで安定《あんてい》したじょうたいを、たもつことができるからです。それで、地球《ちきゅう》もそのほかのわく星《せい》も、太陽《たいよう》も月《つき》も丸《まる》い形《かたち》になったのです。

知《し》っているかな？

●小《ちい》さな天体《てんたい》の中《なか》には、丸《まる》くないものもあります。たとえば、小《しょう》わく星《せい》「イトカワ」は、じゃがいものような形《かたち》をしています。小《ちい》さすぎて丸《まる》い形《かたち》になれませんでした。

●小《しょう》わく星《せい》「イトカワ」の写真《しゃしん》をとったり、調《ちょう》さをしたのは、小《しょう》わく星《せい》たんさ機《き》「はやぶさ」です。はやぶさは、さまざまなトラブルに見《み》まわれながらも、出《しゅっ》発《ぱつ》してから約《やく》7年《ねん》をかけて、地球《ちきゅう》にもどりました。

▼イトカワ

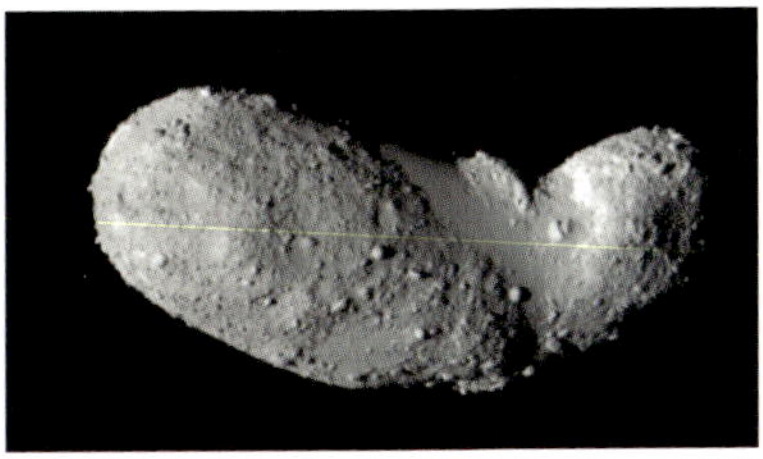

©JAXA

地球《ちきゅう》はなぜ太陽《たいよう》のまわりを回《まわ》るの？

生《う》まれたときからの“習《しゅう》かん”だよ。

太陽《たいよう》と地球《ちきゅう》が生《う》まれたときから、地球《ちきゅう》は太陽《たいよう》のまわりを回《まわ》っていました。今《いま》から約《やく》46億年前《おくねんまえ》に、宇宙《うちゅう》をただよっていたちりやガスが回《まわ》りながら、わのような大《おお》きなうずを作《つく》りだしました。その中心《ちゅうしん》に太陽《たいよう》ができ、残《のこ》ったちりやガスは、太陽《たいよう》のまわりを回《まわ》りながら「びわく星《せい》」になりました。びわく星《せい》はぶつかったり、くっついたりしながら、より大《おお》きな天体《てんたい》へと成長《せいちょう》していきました。そのうちのひとつが地球《ちきゅう》です。太陽《たいよう》のまわりを回《まわ》る地球《ちきゅう》のような天体《てんたい》を「わく星《せい》」といいます。

わく星《せい》には、水星《すいせい》や金星《きんせい》、大《おお》きなわを持《も》つ土星《どせい》など、地球《ちきゅう》をふくめ8つあります。すべてのわく星《せい》は、こうして、生《う》まれたときから太陽《たいよう》のまわりを回《まわ》っているのです。わく星《せい》が太陽《たいよう》のまわりを回《まわ》ることを「公転《こうてん》」といいます。

公転《こうてん》の周期《しゅうき》は、それぞれことなります。太陽《たいよう》に近《ちか》いほど速《はや》く、遠《とお》いほどおそくなります。地球《ちきゅう》は1年《ねん》をかけて太陽《たいよう》を1周《しゅう》しますが、太陽《たいよう》からいちばん遠《とお》い海王星《かいおうせい》は、1周《しゅう》するのに約《やく》165年《ねん》もかかります。それぞれのわく星《せい》が、太陽《たいよう》とどれくらいはなれたところで生《う》まれたかによって公転《こうてん》の周期《しゅうき》は変《か》わります。

地球《ちきゅう》の1年《ねん》というのは、太陽《たいよう》とのきょりが関係《かんけい》していたんだね！

わく星《せい》とそれぞれの公転周期《こうてんしゅうき》

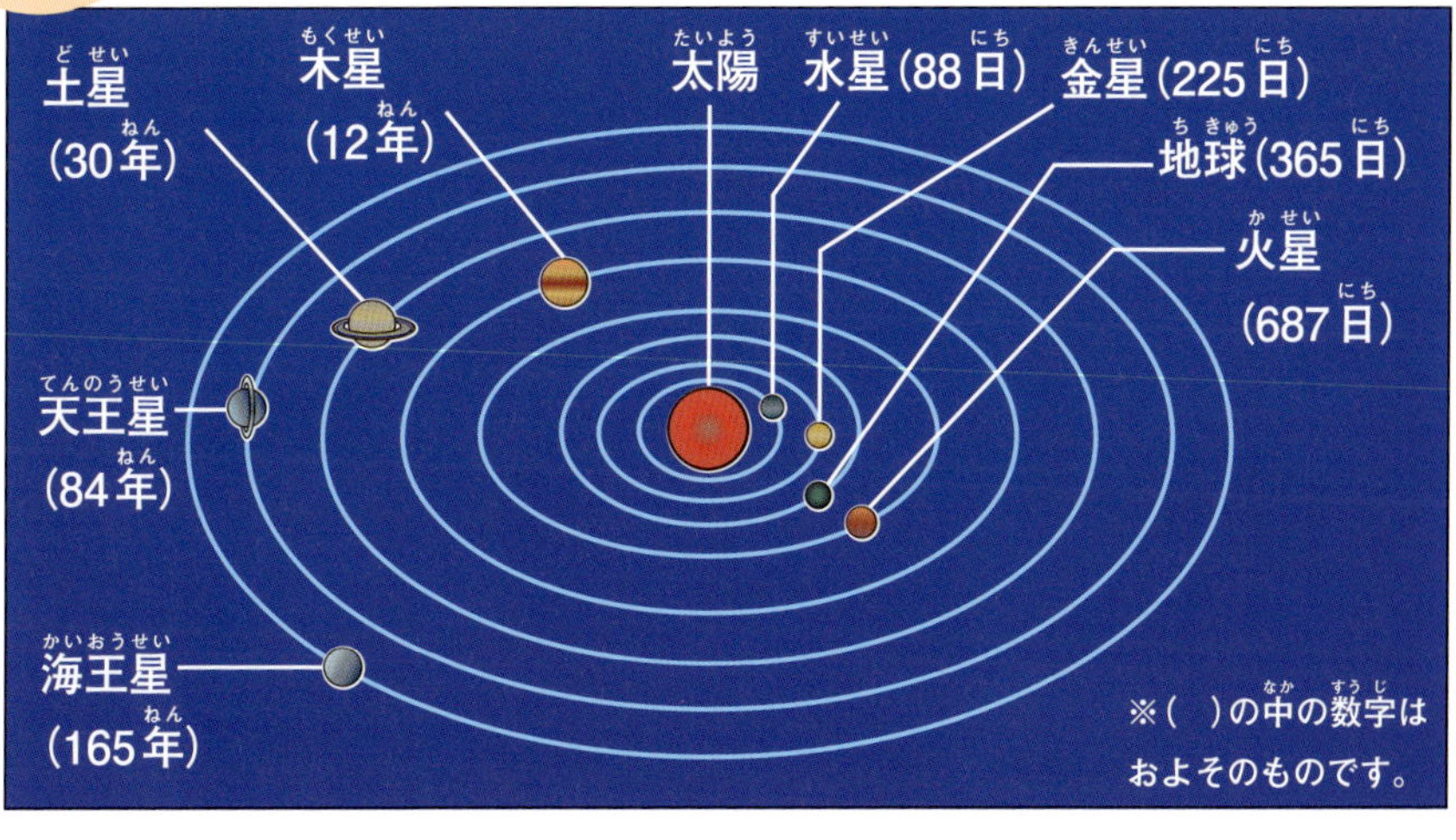
土星《どせい》
(30年《ねん》)
木星《もくせい》
(12年《ねん》)
太陽《たいよう》
水星《すいせい》(88日《にち》)
金星《きんせい》(225日《にち》)
地球《ちきゅう》(365日《にち》)
火星《かせい》
(687日《にち》)
天王星《てんのうせい》
(84年《ねん》)
海王星《かいおうせい》
(165年《ねん》)
※(　)の中《なか》の数字《すうじ》はおよそのものです。

地球《ちきゅう》は、じ石《しゃく》ってホント？

地球《ちきゅう》の内部《ないぶ》の動《うご》きがじ石《しゃく》のせいしつを作《つく》りだしているよ。

みなさんは方位《ほうい》じ石《しゃく》のN《エヌ》極《きょく》が、なぜ北《きた》を向《む》くのか知《し》っていますか。この答《こた》えを知《し》らなくても、じ石《しゃく》のしくみ〝ことなる極《きょく》どうしはくっついて、同《おな》じ極《きょく》だと反《はん》発《ぱっ》する〟ことは知《し》っているでしょう。実《じっ》は、地球《ちきゅう》は大《おお》きなじ石《しゃく》と考《かんが》えられていて、地球《ちきゅう》の北《きた》がS《エス》極《きょく》、南《みなみ》がN《エヌ》極《きょく》になっています。では、どうして地球《ちきゅう》は大《おお》きなじ石《しゃく》になっているのでしょうか。地球《ちきゅう》の内部《ないぶ》にヒミツがあります。

地球《ちきゅう》の中心《ちゅうしん》は、内《ない》かく（かたまりの鉄《てつ》）と外《がい》かく（とけた鉄《てつ》）でできています。とけた鉄《てつ》は、うずをまくように、また、地球《ちきゅう》の「自転《じてん》」の動《うご》きも加《くわ》わって、ぐるぐる回《まわ》りながら流《なが》れています。鉄《てつ》は電気《でんき》を通《とお》しやすいせいしつがあるので、この鉄《てつ》の動《うご》きによって電気《でんき》が作《つく》られ、じ石《しゃく》ができると考《かんが》えられています。

知《し》っているかな?

地球《ちきゅう》が生《う》まれて約《やく》46億年《おくねん》の間《あいだ》には、地球《ちきゅう》のS極《エスきょく》とN極《エヌきょく》が180度《ど》、ぎゃくの向《む》きをしている時代《じだい》が何度《なんど》もあったことがわかっています。古《ふる》い岩石《がんせき》のじ石《しゃく》の向《む》きを調《しら》べてわかりました。

外《がい》かくの鉄《てつ》が動《うご》いてじ石《しゃく》ができる

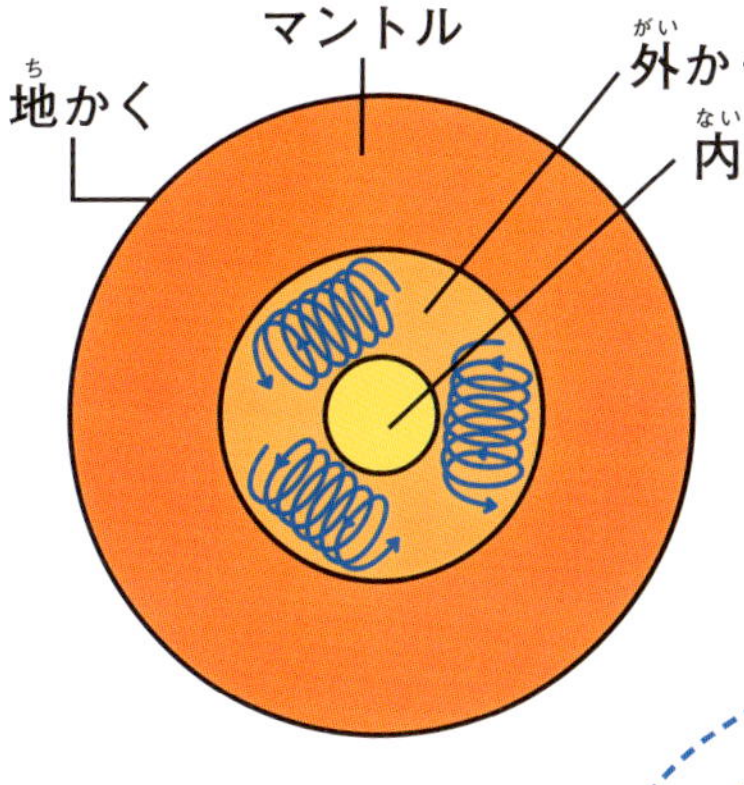

地球《ちきゅう》は大《おお》きなじ石《しゃく》!

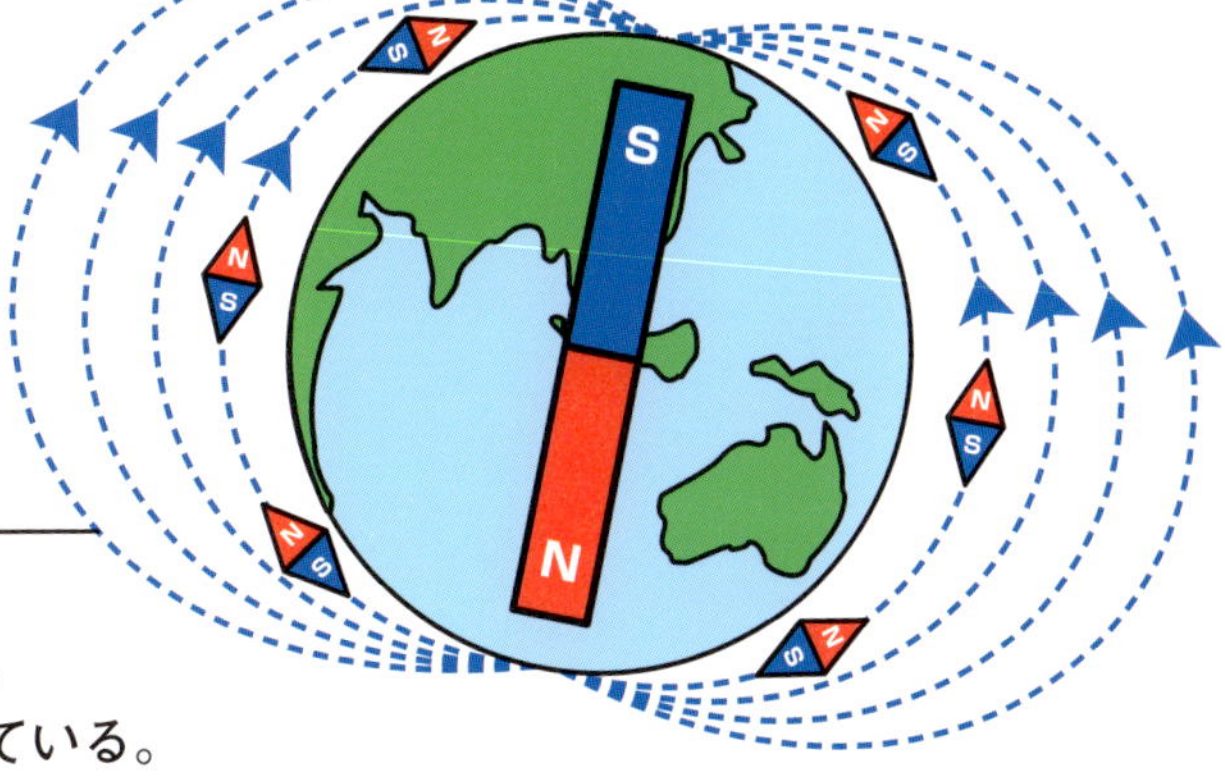

地球《ちきゅう》をおおうように、じ石《しゃく》の力《ちから》がはたらいている。

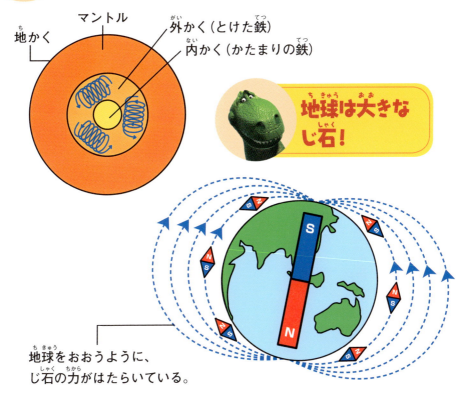

地球《ちきゅう》は宇宙《うちゅう》のどのあたりにあるの？

天《あま》の川銀河《がわぎんが》の中《なか》にあるよ。

みなさんは、自分《じぶん》の住所《じゅうしょ》を聞《き》かれたら答《こた》えられますよね。では、宇宙《うちゅう》の中《なか》の地球《ちきゅう》は、どんな〝住所《じゅうしょ》〟を持《も》っているでしょうか。

まず、地球《ちきゅう》は「太陽《たいよう》けい」の中《なか》にあります。太陽《たいよう》けいは「天《あま》の川銀河《がわぎんが》」の中《なか》にあります。つまり、〝天《あま》の川銀河《がわぎんが》の太陽《たいよう》けい〟が地球《ちきゅう》の住所《じゅうしょ》です。

次《つぎ》に、〝地図《ちず》〟を使《つか》ってきょりを考《かんが》えていきましょう。大《おお》きいところから地球《ちきゅう》にもどっていきます。天《あま》の川銀河《がわぎんが》の中心《ちゅうしん》から太陽《たいよう》けいまで約《やく》２・８万光年《まんこうねん》（※）。光《ひかり》の速《はや》さ（秒速《びょうそく》約《やく》30万《まん》キロメートル）で進《すす》んだとして、約《やく》２・８万年《まんねん》かかります。太陽《たいよう》から地球《ちきゅう》までは約《やく》１億《おく》５０００万《まん》キロメートルです。宇宙《うちゅう》の中《なか》で見《み》ると、地《ち》球《きゅう》は本当《ほんとう》に小《ちい》さな天体《てんたい》だとわかりますね。

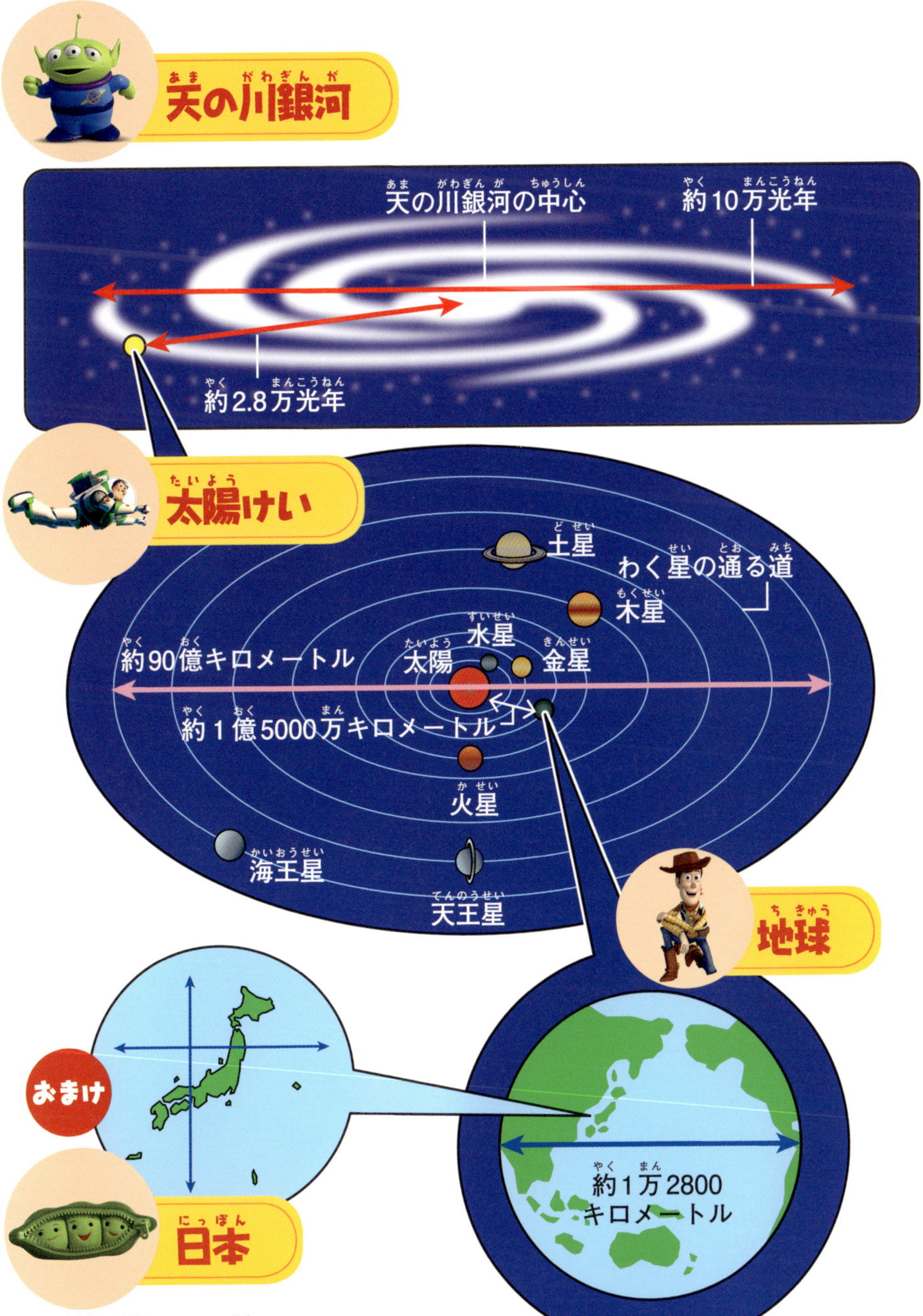

東西《とうざい》、南北《なんぼく》、それぞれ約《やく》3000キロメートル

 ※（おうちの方《かた》へ）1光年《こうねん》とは、光《ひかり》が1年間《ねんかん》に進《すす》む距離《きょり》のことです。

おさらいクイズ

宇宙《うちゅう》の中《なか》の地球《ちきゅう》の
すがたがわかったかな。
それでは最後《さいご》のクイズだよ。
（答《こた》えは138ページ）

Q1

できたばかりの地球《ちきゅう》は
何《なに》におおわれていた？

A ガス

B マグマオーシャン

C 氷《こおり》

Q2

世界《せかい》の標《ひょう》じゅん時《じ》は
どこにある？

A ロンドン

B 東京《とうきょう》

C ニューヨーク

Q3

大陸《たいりく》とつながりがあった
島《しま》を何《なん》という？

A 陸島《りくとう》

B 洋島《ようとう》

C 小大陸《しょうたいりく》

Q4

空気《くうき》は地上《ちじょう》から
どのあたりまである？

A 約《やく》10キロメートル

B 約《やく》100キロメートル

C 約《やく》400キロメートル

Q5

宇宙《うちゅう》では、生物《せいぶつ》も水《みず》もまだ見《み》つかっていない。○か×か。

○

×

Q6

地球《ちきゅう》はどんな形《かたち》をしている？

A 真《ま》ん丸《まる》

B 少《すこ》したて長《なが》

C 少《すこ》し横長《よこなが》

Q7

ものが引《ひ》っぱりあう力《ちから》を何《なん》という？

A 引力《いんりょく》

B あつ力《りょく》

C じ力《りょく》

Q8

地球《ちきゅう》が太陽《たいよう》のまわりを回《まわ》ることを何《なん》という？

A 回転《かいてん》

B 公転《こうてん》

C 自転《じてん》

答《こた》え

A1 B

真《ま》っ赤《か》な熱《あつ》い海《うみ》。

A2 A

ロンドンのグリニッジ天文台《てんもんだい》。

A3 A

日本列島《にっぽんれっとう》がそうだよ。

A4 B

地球《ちきゅう》と宇宙《うちゅう》のさかい目《め》とされている。

A5 ×

水《みず》がある天体《てんたい》は見《み》つかっているよ。

A6 C

赤道《せきどう》のあたりが少《すこ》しふくらんでいる。

A7 A

ものが重《おも》いほど引力《いんりょく》は大《おお》きくなる。

A8 B

1周《しゅう》が1年《ねん》だよ。

監修

木川栄一（きかわ・えいいち）

国立研究開発法人海洋研究開発機構海底資源研究開発センター長。

1959年、東京生まれ。東京大学大学院理学系研究科地球物理学専門課程博士課程修了。理学博士。通商産業省（現経済産業省）、テキサスA&M大学客員助教授、富山大学助教授、海洋科学技術センターワシントン事務所長、海洋研究開発機構海底資源研究プロジェクトリーダーなどを経て2014年より現職。"海に浮かぶ研究所"と呼ばれる地球深部探査船「ちきゅう」や無人で海底を探査できるロボットを活用して、海底に眠る物質や生態系の基本的な理解を深めるための研究や講演活動を行う。講演は、全国の自治体や教育機関でも行われ、わかりやすい内容と軽妙な語り口で好評を博している。

Staff

装丁＋デザイン

菊池祐、今住真由美（LILAC）

編集・執筆協力

大門久美子・井上明美（アディインターナショナル）

加藤裕美子（筑波大学附属桐が丘特別支援学校教諭）

執筆協力

福田美代子　高野夏奈　川浪美帆　野澤敦子

イラスト

古川哲也

校正

和田正、東京出版サービスセンター

写真協力

各写真下に記載

おわりに

この本《ほん》のかい説《せつ》では、なるべく最新《さいしん》の成果《せいか》を取《と》りいれるようにして、理《り》かいしやすく、正《せい》かくな知識《ちしき》をみなさんにえてもらうようにしました。それらの知《ち》しきですぐに役《やく》だててほしい、台風《たいふう》、雷《かみなり》、つ波《なみ》が起《お》こったときのひなん、日《ひ》かげと関連《かんれん》してエコにすずしくする取《と》りくみなどに、とくにふれるようにしました。

ところで、月《つき》の表面《ひょうめん》地形《ちけい》のほうが地《ち》

球《きゅう》よりはるかによくわかっていることはあまり知《し》られていませんが、本当《ほんとう》のことです。これは地球《ちきゅう》には海《うみ》があり、空中《くうちゅう》をただよう雲《くも》があり、地表《ちひょう》には植物《しょくぶつ》が生《は》えているため、つまり水《みず》の存在《そんざい》によるところが大《おお》きいのですが、この本《ほん》によって、みなさんがそんな地球《ちきゅう》で起《お》こっている自然《しぜん》げん象《しょう》、さらに地球《ちきゅう》というわく星《せい》に対《たい》してより理《り》かいを深《ふか》め、かつ、きょう味《み》を持《も》たれることを願《ねが》っています。

木《き》川《かわ》栄一《えいいち》

●おもな参考文献
『地球(ポプラディア大図鑑WONDA)』(ポプラ社)
『地球(小学館の図鑑NEO)』(小学館)
『できかた図鑑』『いのちの図鑑』(以上、PHP研究所)
『地球・気象(ニューワイド学研の図鑑)』(学習研究社)
『理科年表』(丸善)
など

シリーズ好評《こうひょう》既刊本《きかんぼん》

ピクサーのなかまと学《まな》ぶはじめての科学《かがく》①

宇宙《うちゅう》のふしぎ

ISBN 978-4-04-600970-8
定価:980円＋税

「太陽《たいよう》はなぜ明《あか》るいのか？」「地球《ちきゅう》が青《あお》く見《み》えるのはどうして？」「ブラックホールって何《なに》？」宇宙《うちゅう》にまつわるさまざまなひみつをさぐろう！

ピクサーのなかまと学《まな》ぶはじめての科学《かがく》②

地球《ちきゅう》のふしぎ

ISBN 978-4-04-600971-5
定価:980円＋税

「風《かぜ》はどうしてふくのか？」「山《やま》はどうやってできたのか？」「なぜ海《うみ》の水《みず》はしょっぱいのか？」わたしたちの住《す》む地球《ちきゅう》のなぞにせまる！

ピクサーのなかまと学《まな》ぶはじめての科学《かがく》③

生《い》きもののふしぎ

ISBN 978-4-04-600972-2
定価:980円＋税

「シマウマはどうしてしまもよう？」「ヘビはどこからしっぽ？」「ねむいとあくびが出《で》るのはなぜ？」地球上《ちきゅうじょう》にくらす生《い》きものについて知《し》ろう！

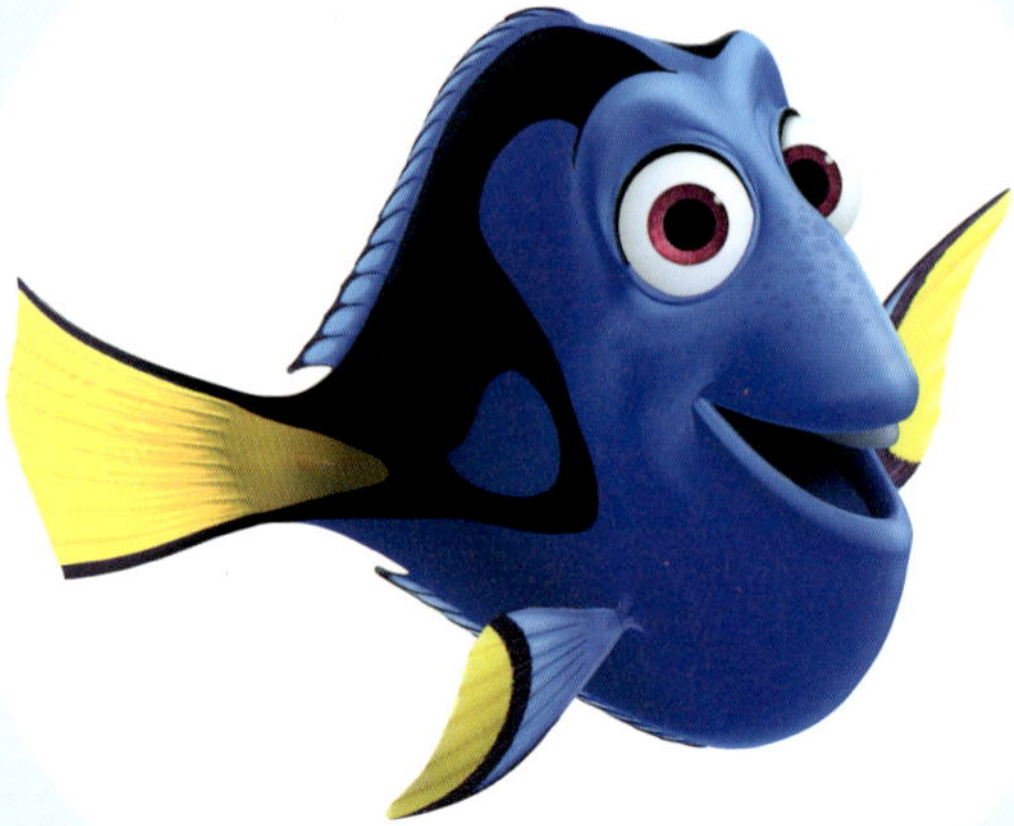

ピクサーのなかまと学ぶはじめての科学②
地球のふしぎ

2016年7月29日　初版第1刷発行
2017年9月30日　第4刷発行

発行者　川金正法
発行所　株式会社KADOKAWA
〒102-8177　東京都千代田区富士見2-13-3
☎0570-002-301（カスタマーサポート・ナビダイヤル）
年末年始を除く平日9:00〜17:00まで

印刷・製本　大日本印刷株式会社

ISBN 978-4-04-600971-5　C8576

Printed in Japan
http://www.kadokawa.co.jp/